SAMMLUNG GÖSCHEN BAND 96

EINFÜHRUNG IN DIE ALLGEMEINE BIOLOGIE

UND IHRE PHILOSOPHISCHEN GRUND- UND GRENZFRAGEN

von

PROF. DR. MAX HARTMANN
em. Direktor am Max-Planck-Institut für Biologie in Tübingen

Mit 2 Abbildungen

WALTER DE GRUYTER & CO.
vormals G. J. Göschen'sche Verlagshandlung · J. Guttentag,
Verlagsbuchhandlung · Georg Reimer · Karl J. Trübner · Veit & Comp.

BERLIN 1956

Archiv-Nr. 11 00 96
Satz und Druck: Paul Funk, Berlin W 35
Printed in Germany

Inhaltsverzeichnis

I. Einleitung

Die Biologie ist im Vergleich zur Physik und Chemie eine sehr junge Wissenschaft. Dabei hat sie es mit körperlichen Gebilden zu tun, die hinsichtlich des chemischen Aufbaues ihrer wichtigsten Substanzen die kompliziertesten sind, die wir kennen. Dementsprechend sind auch die Vorgänge, die sich an diesen Substanzen (Eiweißkörper, bes. Nucleoproteide) abspielen, sehr komplex. Das gilt vor allem für die Nucleoproteide, Verbindungen aus Eiweiß (Protein) mit Nucleinsäuren, an deren Vorhandensein die merkwürdige Fähigkeit der Lebewesen geknüpft ist, sich autonom zu reproduzieren. Es ist daher verständlich, daß es zur Zeit in der Biologie, der Lehre vom Lebendigen noch nicht möglich ist, eine allgemeine Theorie aufzustellen, wie das etwa in einer allgemeinen theoretischen Physik oder allgemeinen Chemie der Fall ist.

Einzelne Biologen werden daher auch recht verschiedener Meinung sein, welche der so ungemein vielseitigen biologischen Erscheinungen als allgemein biologische anzusprechen sind, was den Inhalt einer allgemeinen Biologie zu bilden hat und wie der Stoff zu begrenzen ist. Der erste Abschnitt, „Begriff und Inhalt der allgemeinen Biologie", soll darstellen, wie in diesem Büchlein die Aufgabe und ihre Begrenzung angesehen wird. Aber auch bei dieser wesentlich beschränkten Auffassung des Inhaltes einer allgemeinen Biologie ist es unmöglich, in diesem Büchlein auch nur über die wichtigsten konkreten Ergebnisse allgemein biologischer Forschung, wenn auch in noch so konzentrierter Kürze, zu berichten. Die Aufgabe muß daher eine ganz andere sein. Es können nur die Hauptprobleme einer allgemeinen Biologie, wie wir sie verstehen, aufgezeigt und nur in den wenigen Fällen, in denen Lösungen eines umfassenderen Problems ganz oder teilweise sichtbar sind oder sich anzeigen, diese kurz dargestellt werden.

Darüber hinaus will das Büchlein aber doch mehr geben. Es will im zweiten Abschnitt auch die philosophischen und methodologischen Grundlagen erörtern, die es den biologischen Forschungen auf den verschiedenen biologischen Gebieten ermöglichen, haltbare wissenschaftliche Ergebnisse zu gewinnen.

In einem dritten Abschnitt sollen schließlich naturphilosophische Probleme der Biologie behandelt werden, die heute im Vordergrund des Interesses stehen.

Es handelt sich zum ersten um die wissenschaftstheoretische Analyse von Prozeß und Gesetz in Physik und Biologie, durch die der entscheidende Unterschied zwischen den prinzipiellen biologischen Prozessen und denen der Physik darin erkannt wird, daß bei ersteren Ordnung, sogar höhere Ordnung, nur aus bereits vorhandener Ordnung entsteht, während bei den physikalischen mit jedem Prozeß nach dem 2. Hauptsatz der Themodynamik stets ein Übergang zu größerer Unordnung erfolgt.

Als 2. Problem soll das der sog. Urzeugung, die evtl. mögliche Entstehung von Leben aus nichtlebender Substanz, gebracht werden, das durch die neueren Befunde an Viren und die künstliche Bildung von Aminosäuren aus anorganischen Gasen wieder mehr Interesse gefunden hat.

Als 3. Problem wird die Erörterung der wesentlich verschiedenen Rollen erörtert werden, welche der Kausalität und der Finalität (Zweckmäßigkeit) in der biologischen Forschung zukommen. Dadurch werden zugleich die Grenzen sichtbar, die weitgehend den naturphilosophischen Folgerungen aus den biologischen Forschungsergebnissen gesteckt sind.

Den Schluß bilden die beiden alten, nie zur Ruhe kommenden Probleme, des Mechanismus-Vitalismus- und Leib-Seele-Problems.

Durch die Abschnitte III und IV (Philosophische Grundfragen und Naturphilosophische Gegenwartsprobleme der Biologie), die den größten Teil des Bändchens ausmachen, hat dasselbe etwas von dem Charakter eines Grundrisses der Philosophie des Lebendigen gewonnen.

II. Begriff und Umfang der allgemeinen Biologie

Unsere erste Aufgabe ist die Beantwortung der Frage: Was ist Biologie und vor allem allgemeine Biologie? Wie soll dies Gebiet begrifflich und sachlich abgegrenzt und definiert werden? „Biologie können wir ganz allgemein als die Lehre vom Leben im allerweitesten Sinne bezeichnen, genauer als die Lehre von den Vorgängen, die sich an den lebenden Körpern abspielen. Also nicht nur die Lehre von den lebenden Körpern, von ihren morphologischen, physikalischen und chemischen Eigentümlichkeiten, durch die sie sich von den übrigen Naturkörpern unterscheiden und auf Grund deren sich andererseits Gleichheiten und Ungleichheiten unter ihnen selbst nachweisen lassen, ist die Biologie, sondern sie ist zugleich die Lehre von den Vorgängen, die sich an diesen Körpern abspielen." Und damit haben wir schon einen zentralen Punkt der Lehre vom Leben erfaßt. Die Lebewesen sind nämlich zur Zeit noch nicht wie andere Naturkörper durch eine bestimmte dauernde chemische und physikalische Zusammensetzung, durch eine bestimmte materielle Struktur bestimmbar und definierbar, sondern hier treten noch scharf ausgeprägte Vorgänge von ganz besonderer Art auf, die die betreffenden Körper und Systeme erst zu lebendigen stempeln und bei deren Fehlen oder Aufhören nicht mehr von Leben gesprochen werden kann.

Die erste Gruppe von derartigen Vorgängen, die das Leben charakterisieren, sind die Vorgänge des *Stoff- und Energiewechsels*, die man auch als stationäre Prozesse bezeichnen kann. Wenn wir lebendige Körper betrachten, so erwecken sie den Eindruck eines mehr oder minder dauerhaften Körpersystems, genau so wie Körper anorganischer Art, chemische Substanzen, Mineralien usw., die in einem stationären Gleichgewicht, einem echten physikalisch-chemischen Gleichgewicht sich befinden. Aber die individuelle Dauerhaftigkeit organischer Körper ist in physikalischer Hinsicht nur eine scheinbare, sie wird nur erreicht durch einen fortgesetzten Wechsel, einen ständigen Auf-

und Abbau der in ihnen sich findenden chemischen Stoffe und einen fortgesetzten Wechsel verschiedener energetischer Zustände. Es handelt sich nur um dynamische Gleichgewichte, um Systeme, die mit bestimmten Umweltsfaktoren in ständigem Austausch stehen. Ein fortgesetzter Strom von Energie- und Stoffwechsel durchfließt die organischen Körper und hält sie in einem scheinbaren stationären Gleichgewicht. Dieser Strom des Stoff- und Energiewechsels ist besonders bei den höheren Tieren auffallend, findet sich aber auch bei den Pflanzen und niedersten Organismen bis hinab zu den Einzelligen. Besonders eindrucksvoll hat sich dies herausgestellt durch die von v. Hevesy eingeführte Verfütterung von Nahrungsstoffen, die durch radioaktive Isotope bestimmter Atome markiert waren. Diese Versuche ergaben, daß in die bereits gebildeten höheren und niederen organischen Stoffe der verschiedenen Organe fortgesetzt neue Atome und Atomgruppen eingebaut und umgetauscht werden.

Das dynamische Gleichgewicht der stationären Prozesse in lebendigen Systemen wird aber auch gewahrt und erhalten, wenn mehr oder minder erhebliche Änderungen auf das System einwirken, Änderungen, die bei minder komplizierten leblosen Systemgebilden oft genügen, um das System als solches zu zerstören. Auf solche Veränderungen der Systembedingungen reagieren die Organismen mit bestimmten Vorgängen; die dabei zutage tretenden Erscheinungen werden meist als *Reizerscheinungen* bezeichnet. Die Reizerscheinungen stehen somit direkt in Beziehung zur Erhaltung des Systemgefüges, sie dienen der Erhaltung des Ganzen. Man kann auch einfach von physiologischen Schwankungen der stationären Prozesse reden. Durch sie sind die Lebewesen in hohem Maße erhaltungsfähig und können sich selbst bei starkem Wechsel der Bedingungen weitgehend an Änderungen der Systembedingungen „anpassen".

Aber abgesehen von den physiologischen Schwankungen ist dieses dynamische Gleichgewicht selbst nur scheinbar stationär; denn mit dem Stoff- und Energiewechsel vollziehen sich irreversible Veränderungen an den Systemen, fortschreitende Veränderungen, die wir ganz allgemein als ontogenetische Entwicklung oder als *Formwechsel* bezeichnen.

Diese drei Gruppen von Vorgängen: der Stoff- und Energiewechsel, die Reizerscheinungen und der Formwechsel sind es, in die man die Lebensprozesse zusammenfassen kann und die sich als charakteristisch für alles Leben hinstellen lassen.

a. Zelle

Ehe wir uns jedoch mit einer näheren Charakterisierung derselben beschäftigen, seien noch einige Bemerkungen über die Unterscheidbarkeit und Definierbarkeit der lebendigen Systeme in chemischer, physikalischer und morphologischer Hinsicht gegenüber den leblosen und anorganischen Systemen vorausgeschickt. Die lebendigen Systeme sind, wie allgemein bekannt, durch ihren Besitz an hochkomplizierten organischen Verbindungen, vor allen Dingen Eiweißkörpern, gegenüber den anorganischen Systemen ausgezeichnet. Wenn wir aber darangehen wollen, lebendige Körper und leblose Körper chemisch zu unterscheiden, so kommen wir mit *chemischen* Definitionen zu keinem Ergebnis, da es zur Zeit nicht möglich ist, in chemischer Beziehung Unterschiede zwischen einem lebenden und einem leblosen Organismus festzustellen. Und selbst die Unterscheidung lebender oder lebloser organischer Körper von anorganischen Körpern, die uns auf den ersten Blick so leicht und sicher erscheint, läßt sich bei tieferem Zusehen nicht prinzipiell durchführen. Denn der Chemiker vermag im Labarotorium chemische Körper aufzubauen, die den wichtigen in der lebenden Zelle vorkommenden organischen Körpern, wie Kohlehydraten, Eiweißkörpern usw., völlig gleich sind, die aber kein Leben zeigen. Eine chemische Charakterisierung und Abgrenzung der lebendigen Systeme ist mithin bei dem heutigen Stand der Forschung nicht möglich.

Noch weniger können prinzipielle *physikalische Unterschiede* zwischen lebendigen und anorganischen Systemen aufgezeigt werden. Die lebendigen Systeme sind Körper von kolloidaler Natur, die in dieser Hinsicht alle Eigenschaften mit leblosen und anorganischen Kolloiden gemeinsam aufweisen, und gerade die Erforschung der kolloidalen Eigenschaften der Materie in den letzten Jahrzehnten hat ja über viele scheinbare Besonderheiten der lebenden Systeme überraschende Aufklärung gebracht. Nur wenn die Biologie statt, wie es jetzt der Fall ist, am Anfang der nomothetischen Forschung zu stehen, bereits am Ziel ihrer Forschung angelangt wäre, wenn die gesamten ineinandergreifenden physikalischen und chemischen Zusammenhänge im lebenden Organismus bekannt wären, könnte vielleicht eine zutreffende physikalische und chemische Definition des Lebens gegeben werden.

Es bleiben noch die *morphologischen Unterschiede* zu erörtern. Hier besteht, so scheint es, ein so fundamentaler, handgreiflicher Unterschied zwischen lebenden und anorganischen Systemen, daß man geneigt ist anzunehmen, die lebenden Systeme seien durch ihre morphologischen Eigentümlichkeiten, ihre Gestalten, prinzipiell leicht und sicher zu kennzeichnen. Ein Wirbeltier, ein Fisch, ein Insekt, eine Blütenpflanze oder ein Pilz usw. sind morphologische Gebilde von so typischer, scharf zu charakterisierender Art, daß es hier natürlich leicht erscheint, derartige Systeme von anorganischen zu unterscheiden. Aber auch die Morphologie führt nicht ohne weiteres zum Ziele; denn es gibt Tiere, wie die Amöben, die von irgendeinem kolloidalen Flüssigkeitsgemische morphologisch nicht oder kaum zu unterscheiden sind, und es gibt Pflanzen wie kleinste Bakterien, die sich selbst von minimalen Gebilden, wie sie in dispersen Systemen (Kolloiden) verteilt sich finden, im Lichtmikroskop nicht unterscheiden lassen. Somit versagt auch scheinbar die allgemeine morphologische Charakterisierung.

Und doch gibt es etwas, das in morphologischer Hinsicht sämtlichen lebendigen Systemen, Tieren, Pflanzen und den Protisten (niederste Urtiere und Urpflanzen), so außerordentlich verschieden sie auch (gerade in morphologischer Hinsicht) erscheinen, in gleicher Weise zukommt, das sie alle gemeinsam haben, d. i. ihre Zusammensetzung resp. ihr Aufbau aus *Zellen.* Alle lebenden Systeme sind entweder aus einer großen Anzahl unter sich verschiedenartig differenzierter Zellen zusammengesetzt, wie die höheren vielzelligen Tiere und Pflanzen, oder sie bestehen, wie die einzelligen Tiere und Pflanzen, die Protisten, aus einer einzigen Zelle. Eine Zelle ist ein Klümpchen eines stark eiweißhaltigen, flüssigen resp. gelartigen Substanzgemisches, des Protoplasmas, mit einer Differenzierung im Innern, dem Kern oder Nucleus. In dem Aufbau aus Zellen haben wir die alle Organismen verbindende, einheitliche morphologische Struktur, das morphologische Prinzip, das allein die lebendigen Systeme von den anorganischen Systemen scharf und sicher zu charakterisieren und unterscheiden gestattet. Die lebendigen Systeme lassen sich mithin definieren als körperliche Systeme, die aus einer bis vielen Tausenden von Zellen bestehen, an denen sich die schon erwähnten drei Gruppen von Vorgängen, die stationären, der Stoff- und Energiewechsel, die physiologischen Schwankungen dieser stationären Prozesse (Reizerscheinungen) und die fortschreitenden Prozesse, der Formwechsel, abspielen. Durch die Tätigkeit der Zellen, vor allem durch ihr verschiedenartiges Zusammenwirken in Systemen höherer Ordnung (vielzelligen Organismen) kommt jene wunderbare Welt mannigfaltigster und kunstvollster Formen der Natur zustande, die wir Organismen nennen, jene körperlichen Systeme, die so vielseitige und meist noch so rätselhafte Leistungen zu vollbringen vermögen.

b. Stoffwechsel

Nachdem wir nun zu einer vorläufigen schärferen Definition der lebendigen Körper und des Lebens gekommen sind, wollen wir die drei Gruppen von Vorgängen, die für sie charakeristisch sind, noch etwas eingehender besprechen. Die erste Gruppe bilden die sogenannten stationären Vorgänge, die Vorgänge des *Stoff- und Energiewechsels.* Wesentlich für die richtige Kennzeichnung und Beurteilung des Stoff- und Energiewechsels der Organismen ist, daß sie ihre spezifischen hochkomplizierten Stoffe und Stoffgemische, vor allem die Eiweißsubstanzen, aber auch Kohlehydrate (Zucker etc.) und Fette aus niedermolekularen Stoffen im Baustoffwechsel, der Assimilation selbst aufbauen. Dieses Vermögen der *Assimilation,* der „Angleichung", kann als der fundamentalste Lebensprozeß betrachtet werden. Er ist die Voraussetzung und Grundlage aller weiteren Lebensvorgänge. Dadurch unterscheiden sich prinzipiell die Prozesse der lebenden Systeme von denen der anorganischen. In einem besonderen Kapitel (IV. A. S. 77) soll später dieser fundamentale Unterschied zwischen biologischen und anorganischen Prozessen, auf dem auch der starke Unterschied zwischen biologischen und physikalischen Gesetzen beruht, in seiner wissenschaftstheoretischen Bedeutung eingehender erörtert werden.

Die Energie, die notwendig ist, um diesen spezifischen Aufbaustoffwechsel der Assimilation durchzuführen, gewinnen die Organismen mit pflanzlichem Stoffwechsel dadurch, daß sie imstande sind, mit ihrem grünen Farbstoff, dem Chlorophyll, direkt die energiereichen Sonnenstrahlen zum Aufbau von Zucker aus Wasser (H_2O) und Kohlensäure (CO_2) der Luft zu verwerten. Zugleich bauen sie den aufgebauten Zucker oder andere organische Stoffe (Fette, Eiweiß) durch Oxydation oder Gärung ab und nutzen die dabei gewonnene Energie zu weiteren Assimilationsvorgängen und zum Betriebsstoffwechsel der sogenannten *Dissimilation* aus. Der Betriebsstoffwechsel aller anderen (nichtpflanzlichen) Lebewesen kann nur in dieser dissimilatorischen Weise sich vollziehen. Nur durch den ständigen Aufbau- und Abbaustoffwechsel (Assimilation und Dissimilation) kann das dynamische Gleichgewicht lebender Systeme oder Gefüge sich stationär erhalten.

Auf diesem anscheinend einfachen Gebiet des Aufbau-Stoffwechsels der *Assimilation* sind umfassendere Gesetzmäßigkeiten bis heute kaum bekannt. Die Assimilation, also der Einbau niedermolekularer Stoffe und ihre Angleichung an die spezifischen Stoffe der lebenden Zellen (vor allem die höheren spezifischen Eiweißstoffe) — ist aber die wichtige Grundlage des ganzen Stoffwechselgetriebes. Über die Assimilation des *Stickstoffs* und die Bildung der Eiweißsubstanzen liegen zwar vielversprechende Ansätze vor, doch ist deren Bildung noch weitgehend unbekannt. Immerhin wurden erste tiefere Einblicke in die Tätigkeit des Aufbaustoffwechsels lebender Zellen durch die Ergebnisse über die Bildung der Aminosäuren durch die Kettenwirkung verschiedener Erbfaktoren oder Gene bereits gewonnen, so daß auch auf diesem Gebiet von der weiteren Forschung die Gewinnung allgemeiner Gesetzmäßigkeiten erwartet werden kann (s. S. 20, 21). Nur auf zwei Teilgebieten des allgemeinen Zellstoffwechsels sind bisher tiefere Einblicke erzielt, der Photosynthese und dem Betriebsstoffwechsel, der Atmung und der Gärung.

Die *Photosynthese* ist der fundamentale Stoffwechselvorgang, der letzten Endes aller Bildung lebender Systeme zugrunde liegt. Otto Warburg hatte schon vor Jahrzehnten durch neuartige Versuche gezeigt, daß zur Reduktion von 1 Molekül Kohlensäure 4 Lichtquanten nötig sind. Mit verbesserter neuer Technik hat er jetzt zusammen mit Burk nachgewiesen, daß zur Reduktion von 1 Molekül Kohlensäure nur 1 Lichtquant verbraucht wird. Doch hängt mit der Lichtreaktion eine Dunkelreaktion zusammen, die ein Verbrennungsprozeß ist, bei dem umgekehrt wie im Licht Sauerstoff verbraucht und Kohlensäure entwickelt wird. Die Dunkelreaktion verzehrt dabei immer wieder den größeren Teil des Lichtgewinnes und der bleibende Substanzgewinn ist nur die Differenz zwischen Lichtgewinn und Dunkelverbrauch. Da von 4 Molekülen

Sauerstoff durch 4 Lichtquanten 3 Moleküle wieder zurückreagieren, verbrannt werden und nur 1 Molekül Sauerstoff als Gewinn übrig bleibt, erklärt sich das frühere Ergebnis, nach dem 4 Quanten für 1 Molekül Sauerstoff notwendig sind.

In den letzten Jahren wurde vor allem durch amerikanische Forscher (Ruben, Calvin u. a.) auch Einblicke in die sich dabei abspielenden chemischen Vorgänge gewonnen. Durch Markierung der Kohlensäure mit radioaktivem Kohlenstoff wurde festgestellt, daß die Kohlensäure nicht im Sinn der älteren Hypothesen in einer Lichtreaktion vom Chlorophyll absorbiert, sondern in einer Dunkelreaktion an einen hochmolekularen Eiweißträger gebunden wird. Dementsprechend stammt auch bei der Photosynthese abgegebener Sauerstoff nicht, wie früher angenommen wurde, von der Kohlensäure, sondern von dem dabei reagierenden Wasser, wie durch Markierung mit schwerem Wasser (H-Isotop) bewiesen wurde. Nach diesen und anderen Ergebnissen können weitere Aufklärungen des Assimilationsprozesses der Zucker- und Eiweißbildung bei der Photosynthese künftig erwartet werden.

Im Gegensatz zur wenig geklärten Assimilation ist der *Betriebsstoffwechsel* der Zellen hauptsächlich durch die Untersuchungen von Otto Warburg weitgehend aufgedeckt. Er kommt durch *Verbrennung (Oxydation)* und *Spaltung (Gärung)* von energiereichen organischen Verbindungen, besonders Kohlehydraten, Zucker zustande. Dabei ist auch die Atmung stets mit Spaltungsprozessen verbunden. Da die „trägen" organischen Betriebsstoffe außerhalb der lebenden Zelle nur bei hohen Temperaturen oxydiert, „verbrannt" werden, bedarf es einer ganzen Reihe katalytischer Zwischenprozesse, um diese organischen Stoffe bei normaler Temperatur mit Sauerstoff in Verbindung zu bringen. Dabei vollzieht sich aber der ganze Verlauf der Sauerstoffatmung von zwei Seiten her. Denn um den Wasserstoff des Substrates mit dem durch die verschiedenen sauerstoffübertragenen Fermente aktivierten

Sauerstoff in Verbindung zu bringen, müssen noch wasserstoffübertragende Fermente hinzukommen, die den Wasserstoff des Substrates für den Sauerstoff aufnahmefähig machen. Diese Fermentwirkungen sind aber dieselben, die sich bei der Gärung (ohne Sauerstoff) an diesen Substraten abspielen. An der Auffindung der vielen dabei wirksamen Fermente und ihrer Funktion, sowie der Aufklärung ihrer chemischen Natur ist eine große Anzahl von Forschern beteiligt, so bei der Sauerstoffübertragung außer Warburg besonders der Schwede Theorell und der Engländer Keilin, bei der Gärung neben Warburg: Meyerhoff, Lohmann, Parnas, Cori, W. v. Euler und andere. Aber die meisten Zwischenstufen wie die chemische Aufklärung der meisten Fermente stammen von Warburg. Vor allem ist ihm der Nachweis des ganzen einheitlichen Zusammenhangs zu verdanken.

Wie die Markierung der aufgenommenen Stoffe durch Isotope beim Stoff- und Energiewechsel gezeigt hat, findet bei den lebenden Systemen allein zur Aufrechterhaltung des scheinbar stabilen, fertigen Systems ein fortgesetzter Stoff- und Energieverbrauch statt. Die biologischen Systeme sind keine Systeme, die wenigstens zeitweise in einem echten physikalisch-chemischen Gleichgewicht sich erhalten, sondern dynamische Systeme (sogenannte Fließgleichgewichte). Aber auch im anorganischen Geschehen gibt es Systeme von dynamischem Gleichgewicht. So stellt sich beim Verstärken oder Verdünnen einer Lösung von Molekülen nach dem Massenwirkungsgesetz immer wieder von selbst ein Gleichgewicht her zwischen der Zahl der in Lösung vorhandenen Moleküle und der Zahl der aus dem Zerfall der Moleküle hervorgegangenen Anionen und Kationen. Die Veränderung des Systems kann hierbei aber nur von außen (passiv) erfolgen. Von solchen anorganischen Gleichgewichtssystemen unterscheiden sich die Organismen dadurch, daß sie selbst für die ständige Zufuhr von Ersatzmaterial (und Energie) aus ihrer Umgebung in

Form von Sonnenstrahlen, Aufnahme von anorganischen Salzen und Wasser oder Zufuhr organischer Nahrungsstoffe sorgen. Sie führen ohne fremde Hilfe aktiv (autonom) das für den Stoff- und Energiewechsel notwendige Betriebsmaterial zu.

c. Reizerscheinungen

Die aktive Beschaffung des Aufbau- und Betriebsmaterials wird erreicht durch die 2. Gruppe von fundamentalen Vorgängen, die sog. *Reizerscheinungen.* Sie ermöglichen es dem Organismus bei dem vielfach oft tief greifenden Wechsel der äußeren Bedingungen (Temperatur, chemische Beschaffenheit des Milieus usw.), die fortgesetzt auf den Körper einwirken — Änderungen, die bei den minder komplizierten anorganischen Systemgebilden oft schon genügen, um ihr Gefüge zu zerstören —, die Einheit des lebenden Körpers, wie das ihm zugrunde liegende dynamische Gleichgewicht zu erhalten. Es geschieht dies durch die Angleichung und Anpassung des Stoffwechselgleichgewichtes an veränderte Betriebsbedingungen einerseits, andererseits aber auch zugleich durch die eigene Beschaffung der dazu notwendigen Betriebsmittel. Sie dienen der Erhaltung des Ganzen. Die Analyse dieser Vorgänge bei den Pflanzen sowie Protisten, Algen und Pilzen läßt erkennen, daß es sich dabei nur um physiologische Schwankungen der stationären Prozesse des Stoff- und Energiewechsels handelt. Mit steigender Komplikation der Lebewesen gewinnen aber diese Prozesse, über deren physiologische Grundlage im höheren Organismus selbst meist kaum etwas bekannt ist, eine solche Komplikation, daß sie vielfach nur mit psychischen Ausdrücken und Begriffen beschrieben werden können.

Tiefere Einblicke in das sogenannte Reizgeschehen sind bisher nur bei den sogenannten *tropistischen Reizbewegungen der Pflanzen* erzielt worden. Es sind das Wachstumsbewegungen unter den Einwirkungen von Reizen wie Licht, Schwerkraft etc., die man früher ohne weiteres den

Reizbewegungen der Nerven-Muskeltiere gleichgesetzt hatte. Dabei übersah man, daß das eigentliche Reizgeschehen innerhalb der Pflanzen und Tiere wesentlich verschieden voneinander ist und nur der Reizanlaß, (Licht, Schwere etc.) und der Reizerfolg eine äußere Ähnlichkeit aufweisen. Es war das Verdienst des Holländers Blaauw und weiterhin seines Landsmannes E. W. Went und dessen Schule durch ihre Arbeiten über die Lichtwachstumsreaktion und die sogenannte Reizleitung beim Photo- und Geotropismus die Erforschung der pflanzlichen Reizerscheinungen aus der äußerlichen Analogie mit den Reizerscheinungen der Tiere losgelöst und einer fruchtbaren Kausalanalyse zugeführt zu haben. Dadurch hat sich ergeben, daß die tropistischen Reizbewegungen der Pflanzen durch einseitiges Wachstum der Zellwände auf der der Einwirkungsrichtung zu- oder abgewandten Seite zustande kommen. Auf diese Weise kann heute die Reizphysiologie der Pflanzen weitgehend in verschiedene Teile der Physiologie des Wachstums und der Bewegung aufgelöst werden. Wenn auch die ursprüngliche Theorie des Phototropismus als Lichtwachstumsreaktion nicht mehr ganz zutrifft, so hat sie doch, nach den späteren sie teilweise modifizierenden Befunden von F. W. Went (1926 u. f.) und seinen Nachfolgern über die Wirkungsweise der von ihnen nachgewiesenen Wuchshormone zu einer weitgehenden Aufklärung der Erscheinungen des Tropismus geführt. Durch den Nachweis der chemischen Natur des dabei auftretenden Wuchsstoffes (Auxin resp. Heteroauxin) sowie dessen Bildung, Weiterleitung und Wirkung sind diese tropistischen Reizvorgänge weitgehend (wenn auch durchaus noch nicht vollständig) geklärt. Jedenfalls handelt es sich tatsächlich nur um Schwankungen normaler Stoff- und Energiewechselvorgänge beim Wachstum der Pflanzen.

Im Gegensatz zu den vielen Ergebnissen der neueren pflanzlichen Reizphysiologie ist das an Nerven und komplizierte Nervensysteme gebundene innere *Reizgeschehen der Tiere* noch wenig bekannt. Die Forschungen auf diesem Gebiete beschränken sich meist nur auf das Verhalten der Tiere auf gewisse Reize hin, bzw. auf die Rolle, welche Sinnesorgane dabei wirksam sind. Es handelt sich mehr oder minder nur um Verhaltensphysiologie. Die Kenntnisse der Phänomene des tierischen Verhaltens sind natürlich die unerläßliche Voraussetzung, um weiterhin auch die dem Verhalten zugrunde liegenden physiologischen Vorgänge der Untersuchung zugänglich zu machen.

Dagegen sind die Bewegungsvorgänge, die sich auf Grund der Nervenerregung bei den Metazoen bei der *Kontraktion der Muskeln* vollziehen, durch die Ergebnisse der Muskelphysiologie in den letzten Jahrzehnten, angefangen von den Befunden von Meyerhoff und Hill über die Bedeutung des Gärungsvorganges von Glykogen als Energiequelle bis zu den neuesten Befunden von Szent-Györgyi und H. H. Weber über die Wirkung der Spaltung der Adenosintriphosphorsäure auf die Kontraktion des Actomyosins der Muskelsubstanz, heute weitgehend geklärt. Die Aufklärung der sie auslösenden Nervenprozesse liegt demgegenüber noch in weiter Zukunft, und das gilt erst recht von denen des Zentralnervensystems.

Von den eigentlich physiologischen Prozessen beim Reizgeschehen der Tiere sind bisher meist nur Vorgänge der Reizaufnahme in den Sinnesorganen teilweise erforscht und die ersten Einblicke in die Prozesse der Erregungsleitung in den Nerven gewonnen. Alle tiefere kausale physiologische Aufklärung steht erst am Anfang.

d. Formwechsel

Aber selbst wenn die Reizerscheinungen allgemein nur auf physiologische Schwankungen des normalen Stoff- und Energiewechsels zurückzuführen wären, zeigt sich, daß das dynamische Gleichgewicht der Lebewesen garnicht stationär ist. Der stationäre Zustand kann nur für kurze Zeit vorgetäuscht werden. In Wirklichkeit sind mit dem Stoff- und Energiewechsel irreversible Veränderungen, fortschreitende Prozesse unlösbar verknüpft, und diese treten uns als ontogenetische und phylogenetische Entwicklung oder mit anderen Worten als ein fortgesetzter *Formwechsel* entgegen. Und damit kommen wir zur dritten Gruppe der prinzipiellen Lebensvorgänge. Es sind die Erscheinungen des Wachstums, der ontogenetischen Individualentwicklung, der Fortpflanzung, der Befruchtung, der Sexualität und Vererbung, die sich mit Notwendigkeit als fortschreitende Änderungen am lebenden Körper bemerkbar machen. Diese Änderungen treten uns im Reich des Organischen in sinnfälliger Weise und in so überwältigendem Maße entgegen, daß sie vielfach als die hervorstechendsten der Lebenserscheinungen betrachtet werden. Durch sie erhalten die Lebensprozesse einen rhythmischen Charakter: Entwicklung der Form, Altern und fortwährende Wiedererzeugung von jungem, nicht völlig entwickeltem, aber entwicklungsfähigem Leben, sind mit unerbittlicher Notwendigkeit miteinander verknüpft und wiederholen sich in mehr oder minder gleichmäßigem Rhythmus. Die Erscheinungen der Fortpflanzung und Befruchtung sind in dieser Weise aufs innigste mit den Vorgängen der Vererbung verbunden. Die Aufgabe der Biologie besteht darin, das Wesen der einzelnen Formwechselvorgänge herauszufinden und zu kennzeichnen und weiterhin diese Vorgänge kausal zu erklären.

Im 19. Jahrhundert hatte man besonders nach dem Siege der Abstammungslehre geglaubt, die großen Probleme des Formwechsels, speziell die ontogenetische Entwicklung und Vererbung, allein mittels vergleichender morphologischer Befunde lösen zu können. Doch waren diese Theorien von rein spekulativem Charakter. Im 20. Jahrhundert wurde die Biologie in steigendem Maße eine exakte Wissenschaft, indem sie sich, wie die Physik seit Galilei, des kausalanalytischen Experiments zur Aufklärung des Baues, der Entstehung und Entwicklung und der Vererbung der Organismen bediente. Gerade die führenden Forscher wandten sich begrenzteren, aber experimentell angreifbaren Fragen der Entwicklung und Vererbung zu und erkannten die Unzulänglichkeit der allgemeinen Theorien des 19. Jahrhunderts.

Zunächst schien sich die Biologie durch diese strengere Art der Forschung noch weiter in Teilgebiete aufzuspalten als bisher. Es entstanden die Entwicklungsphysiologie und die Genetik. Aber letztere übte bald eine stark assimilierende Wirkung auf andere Teilgebiete der Biologie aus, die sie mit Erfolg in ihren Bann zu ziehen und ihrem Bau einzugliedern verstand. Es war dies zunächst die Zellenlehre, die als Cytogenetik heute bereits mit ihr ein einheitliches Wissensgebiet darstellt, weiterhin auch die Befruchtungs- und Sexualwissenschaft, für die dasselbe gilt. Aber auch die Physiologie der Entwicklung, für die sich die alten spekulativen Theorien des 18. Jahrhunderts als nicht zutreffend erwiesen hatten, begannen sich den neu errungenen Ergebnissen anzugliedern.

So kam es zu der erstaunlichen Tatsache, daß gerade auf diesen komplizierten Gebieten der Biologie des Formwechsels zwei für die ganze Lebewelt geltende, umfassende allgemeine biologische Theorien sicher begründet werden konnten, die *Chromosomentheorie der Vererbung* und die *Sexualitätstheorie der Befruchtung*. Erstere findet in dem Kapitel Methoden der biologischen Forschung als Beispiele der generalisierenden und exakten Induktion eine nähere Darstellung, auf die hier verwiesen sei (s. S. 64 u. f.).

Nur über die *Wirksamkeit der Gene* seien hier noch einige Ergebnisse zugefügt. Darüber haben seit den dreißiger Jahren genetische und entwicklungsphysiologische Untersuchungen zum Teil Einblicke ergeben, die völlig unerwartet waren. So hat Hämmerling (1931 u. f.) an der merkwürdigen, großen, einkernigen marinen Schirmalge *Acetabularia mediteranea* durch Abtrennung des großen Kernes von dem kernlosen Plasmastiel den wichtigen Nachweis erbracht, daß entgegen allen bisherigen Erfahrungen und Erwartungen der kernlose Plasmastiel weiterwächst und der ganze komplizierte vielkammerige

Schirm gebildet wird. Vom Kern (also den Genen) müssen demnach Stoffe in das Plasma übergewandert sein, damit die weitere Entwicklung und Formbildung zustande kommen konnte. Fügt man aber dem kernlosen Plasmastiel von *Acetabularia mediteraniae* den Kern der ganz anders gebauten Art *Acetabularia wettsteinii* ein, dann wird beim Weiterwachsen der Hut von *Acetabularia wettsteinii* im *mediteranea* Plasma gebildet. Mit diesen und vielen anderen Versuchen hat Hämmerling die Wirkung der Gene durch Abgabe formbildender Stoffe vom Kern an das Protoplasma in eindrucksvoller Weise erkennbar gemacht.

Einen weiteren Einblick in die Wirksamkeit der Gene und besonders in das Zusammenwirken mehrerer Gene für die spezifische Bildung eines Merkmals hat Alfred Kühn mit seinen Mitarbeitern (besonders dem im Krieg gefallenen Becker) für die Mehlmotte und unabhängig von ihnen in Amerika Beadle und Ephrusi für *Drosophila* erbracht. Sie wiesen nach, daß zur Bildung gewisser Pigmente in Augen, Hoden und Larven drei Erbfaktoren nacheinander drei bestimmte Stoffe erzeugen. Adolf Butenandt und Alfred Kühn und ihre Mitarbeiter konnten die chemische Natur dieser pigmentbildenden Stoffe und ihre Vorstufen aus der in jeder Zelle vorhandenen Aminosäure Trytophan nachweisen. Ganz entsprechende Ergebnisse haben Beadle und seine Mitarbeiter an *Drosophila* gewonnen.

Die neuesten amerikanischen Untersuchungen von Beadle, Tatum und ihren Mitarbeitern (1941, 1945) an dem Pilz *Neurospora* und an Bakterien ergaben nun überraschenderweise, daß auch bei diesen die gleichen genabhängigen Stoffe gebildet werden. So wird zum Beispiel durch die beiden ersten Gene, durch die die Pigmente der Insekten von der Aminosäure Tryptophan aus zustande kommen, auch vom Tryptophan aus die Nikotinsäure gebildet. Die Nikotinsäure aber ist ein notwendiger Bestandteil eines für die Zellen aller Organismen wirksamen Atmungsfermentes. Die eben erwähnten Stoffe bilden ferner mit gewissen anderen genabhängigen Vitaminen und anderen Wirkstoffen ganze Ketten von chemischen Reaktionen beim Aufbau der Aminosäuren, der Grundbestandteile der spezifischen pflanzlichen und tierischen Eiweißsubstanzen sowie verschiedener Wirkstoffe. Durch den Nachweis, daß bei diesen grundlegenden Stoffwechselvorgängen von Bakterien, Pilzen, verschiedenen Insekten und, wie man neuerdings festgestellt hat, auch Säugetieren die gleichen wichtigen Aufbaustoffe, Fermente und Vitamine in gleicher Weise durch bestimmte Genketten gebildet werden, eröffnen sich bisher ungeahnte Perspektiven für die Erkenntnis der grundsätzlichen Einheitlichkeit und Verflochtenheit tierischer und pflanzlicher Stoffwechselvorgänge und somit für das Verständnis der Lebenserscheinungen überhaupt. Mit dem Hinweis auf die letzten Ergebnisse über die physiologisch-chemischen Wirkungen der Erbfaktoren sind wir bis zu der vordersten Front der Genetik und der Lebensforschung überhaupt vorgestoßen.

Eine zweite allgemeine für das ganze Organismenreich geltende Theorie wurde in der *Sexualitätstheorie der Befruchtung* ermittelt, was durch genetische, entwicklungsphysiologische und biochemische Versuche ermöglicht wurde.

Um die Jahrhundertwende wurden über das Wesen der Befruchtung zwei Ansichten vertreten, die W e i s m a n n - sche Lehre von der *Keimplasmamischung* (Amphimixis) und die sogenannte *Verjüngungstheorie.* Schon früh wurde erkannt, daß die Amphimixislehre keine Befruchtungstheorie sein konnte. Denn die *Amphimixis* ist eine Folge der Befruchtung, sie erklärt nicht deren Ursache. Sie ist eine finale, keine kausale Erklärung. Zudem gilt sie nicht für alle Befruchtungsabläufe, da in weiter Verbreitung bei Einzellern, Algen und Pilzen Selbstbefruchtungen vorkommen (Autogamie). Die zweite Theorie war die *Verjüngungstheorie.* Da im Laufe fortgesetzter ungeschlechtlicher Teilungen einzelliger Infusorien Degenerationserscheinungen auftraten, nahm man an, daß es sich dabei um Altersschädigungen handle, die nur durch eine rechtzeitig erfolgende Befruchtung behoben würden. Doch konnte Hartmann den grünen koloniebildenden Flagellaten *Eudorina* unter anhaltend gleichen Kulturbedingungen, über viele tausend Generationen bei gleicher Teilungsrate ohne die geringsten Schädigungen züchten. Dasselbe Resultat hat auch Belar am Sonnentierchen *Actinophris* erhalten. Umgekehrt konnte durch andere Versuche für ein anderes grünes Flagellat *Stephanosphaera* sowie auch für *Actinophris* (Heliozoe) schon die erste aus der befruchteten Zygote bei deren Keimung erhaltene Generation sofort wieder zur Befruchtung gebracht werden, also bei Ausschaltung aller Altersvorgänge. Mit diesen Versuchen war auch der Verjüngungstheorie der Boden entzogen.

Fritz Schaudinn hatte (1905) — auf Grund von heute allerdings als unrichtig erkannten Beobachtungen — gegenüber den damals herrschenden Erklärungen für den Befruchtungsvorgang (Verjüngung bzw. Keimplasmamischung = Amphimixis) die Hypothese zu begründen versucht, daß die sich vereinigenden Keimzellen sexuell verschieden sein müssen. Diese *Sexualitätshypothese der Befruchtung* läßt sich heute folgendermaßen charakterisieren. Nach ihr besitzt jede Geschlechtszelle eine *bisexuelle Potenz;* doch wird durch verschiedene Ursachen (erbliche oder nicht erbliche), bei den einen die männliche, bei den anderen die weibliche Möglichkeit zur Entfaltung gebracht, so daß männliche und weibliche Gameten gebildet werden. Die zwischen diesen bestehende „sexuelle Spannung" würde dann zur Vereinigung der Gameten führen und durch diesen Befruchtungsakt ausgeglichen.

Gegen die Sexualitätshypothese sprach vor allem die bei vielen Protozoen, Algen und Pilzen verbreitete Isogamie, d. h. die völlige Gleichheit der Geschlechtszellen. Es bestand zunächst kaum Aussicht, diese Hypothese zu beweisen. Fast gleichzeitig mit Schaudinns Veröffentlichungen erschienen aber Arbeiten von Blakeslee (1904, 1906), die für den Pilz *Phycomyces Blakesleeanus* den experimentellen Nachweis erbrachten, daß trotz völliger Isogamie nur Geschlechtszellen zweier verschiedener Pilzmycelien kopulieren, daß also zwei vermutlich erblich verschiedene Geschlechter vorhanden sind. Sie wurden mangels aller sichtbaren Unterschiede als + (plus)- und — (minus)-Geschlecht bezeichnet. Durch diese Versuche wurde erstmals eine geschlechtliche Verschiedenheit äußerlich völlig gleicher Gameten erwiesen und damit die Möglichkeit einer allgemeinen bipolaren Zweigeschlechtlichkeit selbst bei isogamen Formen nahegelegt. Die bipolare Zweigeschlechtlichkeit ist später für viele isogame Pilze und Algen besonders von Kniep (seit 1919) und Hartmann und ihren Schülern nachgewiesen. Es steht heute fest, daß es sich bei dieser um eine allgemeine Grundgesetzlichkeit handelt.

Außer der allgemeinen bisexuellen Potenz und bipolaren Zweigeschlechtlichkeit auch isogamer Formen zwangen aber gewisse Abläufe von Befruchtungsvorgängen noch zu einer weiteren Voraussetzung und einer Erweiterung der Sexualitätshypothese der Befruchtung (Hartmann 1909). Die Differenzierung kopulierender Gameten konnte nicht überall absolut männlich oder weiblich sein, sondern nur relativ, d. h. es mußte angenommen werden, daß selbst bei Gameten eines Geschlechts solche von verschiedener sexueller Stärke vorkommen, daß eine relative Sexualität vorhanden ist. Die Voraussetzung für die Allgemeingültigkeit der Sexualitätshypothese der Befruchtung war also an die Geltung der folgenden drei Gesetzmäßigkeiten für alle Befruchtungs- und Sexualitätserscheinungen geknüpft:

1. Die allgemeine bipolare Zweigeschlechtlichkeit,
2. die allgemeine bisexuelle Potenz auch der differenzierten männlichen und weiblichen Gameten und
3. die Relativität der geschlechtlichen Differenzierung.

Daß die beiden letztgenannten Gesetzlichkeiten ebenfalls für alle sich geschlechtlich fortpflanzenden Organismen gelten, dafür wurde der experimentelle Nachweis des Vorkommens von relativer Sexualität entscheidend. Diesen konnte Hartmann 1925 an der Braunalge *Ectocarpus siliculosus* in Neapel erbringen und dann in weiteren Untersuchungen gegen alle Einwände sichern. Es ließ sich zeigen, daß männliche (bzw. weibliche) Gameten verschiedener Stärke gebildet werden und daß starke und schwache des gleichen Geschlechts kopulieren können. Dieser Nachweis von relativer Sexualität wurde später durch ähnliche Experimente noch für Pilze und andere Algen bestätigt und neuerdings von dem Amerikaner Cleveland (1949) an den großen Flagellaten der Gattung *Trichonympha* direkt im mikroskopischen Präparat geführt. Die männlichen und weiblichen Gameten dieses Protozoons sind äußerlich sehr verschieden gebaut. Dabei variieren die geschlechtstypischen Strukturen der Gameten jeder Sorte, so daß stark und schwach männlich und weiblich differenzierte zu unterscheiden sind. Es können dann stark weibliche mit schwach-weiblichen kopulieren und ebenso stark männliche mit schwach-männlichen. Die früher nur durch Hunderte von Versuchen nachweisbare relative Sexualität ist somit bei diesem Objekt unmittelbar im Mikroskop festzustellen.

Die allgemeine bipolare Zweigeschlechtlichkeit konnte noch durch andere Versuche bewiesen werden. Die wichtigsten sind jene, bei denen schließlich bis zu den chemischen Grundlagen der sexuellen Verschiedenheit vorgedrungen werden konnte. Es handelt sich um die Auffindung geschlechtsspezifischer weiblicher und männlicher Befruchtungsstoffe oder *Gamone.* Aus dem verschiedenen Verhalten der männlichen und weiblichen Gametensorten der Braunalge *Ectocarpus siliculosus* wurde der Schluß gezogen, daß die beiden Gametensorten zwei verschiedene, nur auf die des anderen Geschlechts wirkende Stoffe an das Seewasser abgeben. Das Vorkommen derartiger Stoffe hat noch im gleichen Jahr Jollos mit Filtraten aus Kulturen mit Gameten der Grünalge *Dasycladus* nachgewiesen und wurde später für eine ganze Anzahl von Algen mit freibeweglichen Gameten festgestellt. Kürzlich haben Förster und Wiese nachgewiesen (1954/55), daß es sich bei den Gamonen der einzelligen Alge *Chlamydomonas eugametos* um hochmolekulare Eiweißstoffe mit Zuckerkomponenten (Glykoproteide) handelt.

Schon bald nach der Auffindung der Befruchtungsstoffe bei Algen hat Hartmann die Überzeugung ausgesprochen, daß die von Seeigeleiern an das Wasser abgegebenen Stoffe, die die Beweglichkeit der Spermien erhöhen und sie zu der Agglutination genannten Zusammenballung bringen (seit 1911 bekannt und von Lillie Fertilisin genannt), ebenfalls Stoffe von Gamoncharakter sind und daß das Prinzip der stofflichen Lenkung der Befruchtung auch hier zutrifft. Es wurden daher von R. Kuhn, Hartmann und ihren Mitarbeitern (1939 bis 1947), von Runnström und seiner Schule sowie von Tyler und anderen amerikanischen Forschern, derartige Versuche durchgeführt. Sie ergaben, daß nicht nur von Eizellen, sondern auch von Samenzellen je 2 Gamone ausgeschieden werden, von denen je ein weibliches und ein männliches antogonistisch wirken. Das die Samenzellen von Seeigeln agglutinierende weibliche Gynogamon ist auch ein Glykoproteid, wie zuerst Vasseur (1952), ein Mitarbeiter der schwedischen Forschergruppe von Runnström, mitgeteilt hat. Auch das agglutinierende ♀ Gamon von Forellen gehört derselben Stoffgruppe an wie das der Seeigeleier und der einzelligen *Chlamydomonas.* Auch für Schnecken, Muscheln, Mantel- und Wirbeltiere sind vier derartige Gamone nachgewiesen. Von anderer Seite (Burgeff 1914 und Zickler 1943, 1953 in Deutschland, sowie Raper 1939/40 in Amerika) sind Gamone auch für Pilze festgestellt worden. Überall, wo eine genaue Analyse durchgeführt werden konnte, hat sich gezeigt, daß der Erfolg der Befruchtung von dem quantitativ abgestimmten Zusammenspiel der sich gegenseitig beeinflussenden Gamone abhängt. In der Wirkung der Gamone kann daher die allgemeine physiologische Grundlage der Befruchtungsvorgänge erblickt werden. Mit ihrem experimentellen Nachweis ist die Sexualitätshypothese der Befruchtung bis auf ihre chemischen Grundlagen zurückgeführt und kann als bewiesen gelten.

In der *Entwicklungsphysiologie* spielten die Probleme der Formbildung in der ontogenetischen Individualentwicklung, die ihre starke Verbreitung als biologische Spezialwissenschaft ausgelöst hatte, die Hauptrolle und spielen sie auch heute noch. Im Gegensatz zur Chromosomentheorie der Vererbung und Sexualitätstheorie der Befruchtung konnten auf diesem Gebiete noch nicht allgemeinere Gesetzlichkeiten festgestellt werden. Hier muß sich die Kausalforschung noch mit der Aufdeckung von komplexen, rein biologischen Wirkungseinheiten begnügen. Die planmäßig aufeinander aufgebauten kausalanalytischen Experimente von Hans Spemann (seit 1914) und seiner Schule an Amphibienkeimen haben gezeigt, daß in dem sich entwickelnden Keim, ja bereits in der ungeteilten befruchteten Eizelle besondere Bezirke frühzeitig differenziert werden, von denen die weitere Formbildung ausgeht. Wenn man solche Organisationszentren oder Organisatoren, wie Spemann sie genannt hat, in anderes Keimmaterial an ganz anderer Stelle einpflanzt, dann vermögen sie dort neben der normalen Keimbildung des Wirtskeimes an fremder Stelle (z. B. am Bauch oder in der Leibeshöhle) eine 2. Organisation, eine 2. Keimanlage, bestehend aus Gehirn, Rückenmark, Chorda usw. aufzubauen. Ja, die Organisatoren sind sogar imstande, in Keimen anderer Arten, ja anderen Gattungen eine Organbildung zu induzieren, wobei ihr eigenes Material gar keine Verwendung findet, sondern allein unter der Einwirkung ihres Einflusses nun an fremder Stelle und von fremden Material eine Organisation aufgebaut wird.

Zwar konnten Holtfreter (1932), Spemann (1933) und andere weiterhin zeigen, daß mit abgetötetem Material nicht nur von Amphibien, sondern auch von anderen Wirbeltieren und Wirbellosen typische Achsenorgane in Amphibienembryonen induziert werden können, womit eine rein stoffliche Induktionswirkung erwiesen ist. Aber die weiteren eifrigen Untersuchungen erbrachten das enttäuschende Ergebnis, daß das durch eine ganze Anzahl verschiedener organischer wie anorganischer Stoffe möglich ist (Ölsäure, verschiedene Öle, Nucleinsäure u. a.). Trotz vieler Bemühungen und mancher interessanter Befunde, ist die Frage nach einem dabei wirksamen spezifischen Stoff bis heute noch nicht gelöst.

Mit den bisher geschilderten individuellen rhythmischen Prozessen der Vererbung, Befruchtung und Sexualität, sowie der ontogenetischen Entwicklung, sind die Erscheinungen des Formwechsels nicht erschöpft. Der Rhythmus der Einzelentwicklung wiederholt sich zwar in der Regel für längere Zeit, unter Umständen Jahrhunderte und Jahrtausende hindurch in gleicher Weise. Aber auch in dem Rhythmus als Ganzem, den Generationen, können an irgendeinem Punkte irreversible Umänderungen auftreten, die dauernde Änderungen der inneren Konstitution, Artumwandlungen, im Gefolge haben. Und so sehen wir das große Schauspiel der *phylogenetischen oder Stammesentwicklung* in der Lebewelt, das uns Darwin aufgezeigt und historisch verständlich gemacht hat. Und wie uns in dem stets wiederkehrenden Rhythmus und der spezifischen Art der Einzelentwicklung eine Regelmäßig- und Gesetzlichkeit entgegentritt, so scheint auch die Entstehung und Entwicklung der Arten von uns freilich noch nicht ganz bekannten Gesetzen beherrscht. Und es ist die Aufgabe der Biologie, einerseits die Wesenszüge dieser phylogenetischen Entwicklung herauszustellen und zu kennzeichnen, andererseits aber auch die ihr zugrundeliegenden Gesetze, wenn möglich, aufzufinden.

Auch auf dem Gebiet der *Physiologie der Artbildung und Evolution* hat die moderne Genetik eine neue Situation herbeigeführt. Im vorigen Jahrhundert und noch weit bis ins 20. Jahrhundert hinein ging der Streit darum, ob eine lamarkistische, auf Wirkung äußerer Faktoren beruhende oder eine darwinistische, durch Selektion erblicher Varianten zustande kommende Erklärung des Artenwandels zutreffe. Durch vergleichende Beobachtungen, wie das zunächst versucht wurde, konnten diese Fragen nicht gelöst werden. Erst die experimentelle Genetik hat sichere Grundlagen zur kritischen Beurteilung der beiden Hypothesen geliefert. Sie hat vor allem eine lamarkistische Erklärung unmöglich gemacht. Das ganze riesige Tatsachenmaterial derselben mit ihren Tausenden und Abertausenden von Versuchsergebnissen ist ein geschlossener Beweis gegen die Möglichkeit einer Vererbung erworbener Eigenschaften, die durch funktionelle Anpassung zustande gekommen wäre.

Auch die Entstehung neuer Rassen durch Selektion im alten Darwinschen Sinne stieß zunächst auf Schwierigkeiten, nachdem Johannsen (1903) gezeigt hatte, daß durch Auslese von Varianten aus bestimmten Rassen keine neuen Typen, sondern nur erbliche Unterrassen (sogenannte reine Linien) ausgelesen werden. Erst durch die Unterscheidung von echt erblichen Varianten von den nur durch Lebensbedingungen zustande kommenden nichterblichen Modifikationen und den Nachweis der Entstehung von neuen erblichen Linien durch Mutationen, spontane Veränderungen der Gene, war eine darwinistische Auslesemöglichkeit gegeben. Der holländische Botaniker Hugo de Vries (1901) war es, der die Mutationstheorie der Entstehung neuer Arten vor allem auf Grund seiner Vererbungsversuche an Nachtkerzen-(Oenotheren)arten und Rassen, aber auch vieler sonstiger Befunde zuerst eingehend begründet hat. Allerdings hat Renner zeigen können, daß es sich bei den konstant vererbenden Oenotheren überhaupt nicht um Mutationen handelt. Doch wurden von verschiedenen Genetikern weiterhin auf die große Bedeutung von kleinen, oft schwer feststellbaren Mutanten für die Umwandlung von Arten und Rassen hingewiesen und gezeigt, daß solche kleinen, scheinbar belanglosen Mutationen wohl genügen, um unter gleichen äußeren Bedingungen eine Überlegenheit in der Anpassung der Rasse gegenüber der anderen zu bewirken. Als dann 1927 der Amerikaner Muller entdeckte, daß man die Mutationsrate von *Drosophila* durch Anwendung starker Bestrahlung wesentlich erhöhen konnte (bis zum 150fachen), setzte die Mutationsforschung und ihre Auswertung auf Evolutionsprobleme in der ganzen Welt in starkem Maße ein. Während des letzten Krieges wurde ein starker mutationssteigernder Einfluß auch durch chemische Stoffe wie Senfgas, Formaldehyd, Aethylurethan usw. nachgewiesen. Durch die Mutationsforschung ist in Zusammenhang mit der sogenannten Populationsgenetik und dem Studium geographischer Rassen mit Sicherheit erwiesen, daß tatsächlich in der freien Natur auftretende neue Rassen mit Mutationen identisch sind, und daß die Mutationstheorie in Verbindung mit anderen Evolutionsfaktoren, vor allem der Isolation und Selektion den Vorgang der Mikroevolution weitgehend zu erklären vermag. Ob auch die größeren Typenmerkmale der Makroevolution in derselben Weise zustande gekommen sind, ist möglich, aber bisher nicht erwiesen. Immerhin lassen sich auch zugunsten dieser Ansicht heute bereits einige Mutationsvorgänge anführen.

Es wird von manchen Biologen immer wieder betont, daß auch die *Ökologie,* die Lehre von den mannigfaltigen Beziehungen der Lebewesen zu der nichtlebenden Umwelt, in einer allgemeinen Biologie zur Darstellung gelangen sollte. Fraglos handelt es sich bei diesen Beziehungen um wichtige Lebenserscheinungen; denn die Organismen sind ja weitgehend an die ihnen zusagenden Umwelten an- und ihnen eingepaßt. Aber eine systematische Beschreibung und eine den Lebewesen selbst innewohnende Ordnung und Gliederung dieser Beziehungen erscheint nicht möglich. Alle derartigen Versuche führen nur zu einer mehr oder minder äußerlichen Gliederung, einer Art Katalogisierung zur bequemen Übersicht, nicht zu einer echten Ordnung einer Art „natürlichem System" ökologischer Beziehungen. Wenn sich an irgend einer Gruppe solcher Beziehungen tiefere Einblicke gewinnen lassen, führen sie stets zu rein physiologischen Fragestellungen und Lösungen und können und müssen daher in das immanente physiologische Ordnungssystem eingegliedert werden.

Mit dieser kurzen Charakterisierung der prinzipiellen wesentlichen Vorgänge und der kurzen Schilderung einiger wichtiger bereits erzielten oder doch angebahnten Erkenntnisse der ihnen zugrunde liegenden Gesetzlichkeiten, haben wir die Begriffe und den Umfang der biologischen Erscheinungen gewonnen, deren Kennzeichnung und Erklärung die Aufgabe der Biologie als Wissenschaft ist. Nur ein Punkt bleibt noch zu erörtern. Es ist die Frage, ob die Lebewesen durch eine besondere physikalisch-chemische Substanz oder eine besondere Struktur (sei sie physikalisch-chemischer oder organischer Natur) charakterisier- und definierbar sind. Das ist in der biologischen Literatur immer wieder behauptet worden, und man nahm als letzte Elemente, denen man nun alle die rätselhaften unbekannten Zustände und Vorgänge der Lebewesen zuschrieb, besonders strukturierte Elemente an, die man lebendiges Eiweiß, Biogene, Protomere, Automerizonten usw. nannte. Alle diese Hypothesen waren für die Forschung im Grunde wertlos. Denn alles zu erklärende wurde ja nur einem unsichtbaren, mit den Mitteln der heutigen Forschung nicht nachweisbaren Strukturelemente aufgebürdet. Aus einer solchen Metastrukturhypothese des Lebens läßt sich nur ableiten, was an ungelösten Problemen in sie hineingeschachtelt ist, ihr kommt daher kein heuristischer Wert zu, wie die tauben Früchte, die sie bisher getragen hat, zeigen.

III. Philosophische Grundlagen der Biologie

A. Theorie der biologischen Erkenntnis

Schon die Vielgestaltigkeit der biologischen Probleme, ihr scheinbares Übergreifen in andere Wissenschaften, wie dies in dem weitgehenden Gebrauch historischer und psychologischer Begriffe zum Ausdruck kommt, macht es notwendig, über die philosophischen, d. i. erkenntnistheoretischen Grundlagen einer allgemeinen Biologie Klarheit zu gewinnen. Allein die Tatsache, daß der Mensch einerseits das erkennende Subjekt und somit der schöpferische Erzeuger aller Wissenschaften ist, und daß er andererseits als Glied der lebenden Natur selbst ein Objekt der biologischen Forschung darstellt, läßt uns um eine solche erkenntnistheoretische Erörterung garnicht herumkommen. Wie dringend notwendig eine solche Erörterung ist, zeigt die weitgehende Berufung philosophischer Biologen wie biologisch orientierter Philosophen, auf biologische Erkenntnisse, wobei jedoch von den verschiedensten Schriftstellern aus den gleichen Tatbeständen extrem verschiedene Weltanschauungen abgeleitet werden. Das gilt nicht nur für den Materialismus des 19. Jahrhunderts, der allerdings heute weitgehend, wenn auch noch nicht ganz verlassen ist, sondern auch von Anhängern positivistischer, idealistischer, phänomenologischer und ontologischer Ausdeutungen. Vor derartigen weltanschaulichen Entgleisungen kann nur die Besinnung auf die geistig-philosophischen Grundlagen der Naturwissenschaften und der Biologie als Naturwissenschaft und die kritische Beurteilung ihrer Ergebnisse bewahren. Es bedarf der Einsicht über die Grundlagen und Grenzen naturwissenschaftlicher Forschung.

Durch die Erörterung der erkenntnistheoretischen Grundlagen der Biologie wollen wir Einsicht und Klarheit gewinnen, inwiefern die Biologie als Wissenschaft möglich ist, wieso und inwiefern unsere biologischen Forschungsergebnisse den Anspruch erheben können, als

Wissenschaft, als Wahrheit, als Erkenntnis zu gelten. Wohl kann ein hervorragender Naturforscher, ohne sich über die philosophischen Grundlagen Klarheit verschafft zu haben, nicht nur größte Einzelentdeckungen in seiner Wissenschaft machen, sondern auch zugleich umfassende theoretische Auffassungen entwickeln, die das Gebiet seiner Wissenschaft fruchtbar zu fördern vermögen, ja u. U. weit über die Grenzen seiner Spezialwissenschaft wirken. Er kann richtige Hypothesen erspüren, die seine Wissenschaft weiterführen und sich dabei sehr wohl der Grenzen sowie der Tragweite der Hypothesen und Theorien bewußt bleiben, ohne besonders erkenntnistheoretisch geschult zu sein. Vielfach findet man aber bei Naturforschern, die in der Einzelforschung Gutes leisten, in der Handhabung von Begriffen und Theorien eine auffallende Unsicherheit, und man steht oft vor der grotesken Sachlage, daß gerade kritische vorsichtige Forscher neuen wohlbegründeten und aussichtsreichen Hypothesen gegenüber sich völlig ablehnend verhalten, während sie alte hypothetische Begriffe, deren erkenntnistheoretische Grundlagen keineswegs gesicherter, oft sogar schwächer sind, unbedenklich als gesicherte Tatsachen hinnehmen. Darüber Klarheit zu gewinnen, was Erkenntnis, was sog. Tatsachen, was Hypothesen sind, wie Hypothesen zu Erkenntnissen werden, das ist die Aufgabe der Erkenntnis- und Methodenlehre der Naturwissenschaften. Der Naturforscher, der sich diese Klarheit verschafft hat, wird seinen beschwerlichen Aufstieg zu der nie erreichbaren, aber ihm als Ziel immer vorschwebenden *reinen* Erkenntnis und Wahrheit sicherer finden und leichter gehen, er wird Irrwege und Abgründe leichter vermeiden, als wenn er ohne diese Wegweiser seinen Pfad suchen muß.

Der naive Mensch sieht die seinen Sinnen sich darbietenden Objekte als das real Gegebene, Tatsächliche an. Ein Blatt Papier, eine Blütenpflanze, ein Käfer, ein Stein, ein Stern, sie sind ihm tatsächlich vorhandene, in sich durch ihre Eigenschaften bestehende und charakterisierte

Gegenstände. Sie sind die „Dinge" der Welt. Auch der Naturforscher rechnet mit diesen Gegenständen als den real gegebenen Objekten seiner Forschung, ohne die Frage näher zu prüfen, ob dieses Verfahren berechtigt ist, und er darf und kann das als Naturforscher auch zunächst tun. Je mehr eine Wissenschaft sich aber in die Breite und Tiefe entwickelt, je mehr sie einen gesetzmäßigen nomotethischen Charakter annimmt, desto mehr verlieren die angeblich real gegebenen Gegenstände und Dinge von den Eigenschaften, durch die sie ursprünglich allein charakterisiert waren. Diese Eigenschaften können als nebensächlich in den Hintergrund treten, ja völlig ausgelöscht werden, und die Wissenschaft operiert dann häufig nur noch mit rein abstrakten Begriffen ohne Anschaulichkeit, ohne Sinnesqualitäten, mit reinen Gedankendingen. In der Physik, die ja als die nomothetische Allgemeinwissenschaft anerkannt ist, ist dieser Erkenntnisprozeß am weitesten fortgeschritten. Eine physikalische Disziplin wie die Optik, die ihren Ausgang genommen hat von so überaus anschaulichen Sinneswahrnehmungen und Eigenschaften, wie es die durch den optischen Sinn vermittelten Formen und Farben sind, operiert heute mit Photonen, die aller Anschaulichkeit bar sind. Da drängt sich dann ohne weiteres die Frage nach dem Sinn und der Bedeutung der Gegenstände, nach dem Erkenntnisgrund der ermittelten Gesetzmäßigkeiten auf. Hier beginnt die erkenntniskritische Besinnung.

1. Materialismus

Es gibt nur eine philosophische Anschauung (die man allerdings kaum eine philosophische nennen kann), die im 19. Jahrhundert auch in Kreisen der Naturforscher eine weite Verbreitung gefunden hatte, die das ursprünglich durch die Sinneswahrnehmungen Gegebene, sowie die von den Einzelwissenschaften darüber ermittelten Lehrsätze und Einzeltatsachen ohne weitere Prüfung in völlig naiver Weise als das Gegebene schlechthin, als die wissenschaftlichen Tatsachen und Erkenntnisse annimmt. Das ist der

Materialismus. Auch die weiteren Ergebnisse der Wissenschaften selbst da, wo sie zu einem Zurückdrängen oder gar zu völligem Auslöschen der ursprünglich gegebenen sinnlichen Ausgangspunkte des Realen geführt haben, werden nun von dieser Auffassung unbedenklich in derselben Weise als reale Tatsachen angenommen. Derartig abgeleitete, vom ursprünglich Gegebenen durch weite Denkoperationen entfernte Begriffe und Lehrsätze von vielfach stark hypothetischem, wenn auch wissenschaftlich wohlbegründetem Charakter werden dann mit derselben naiven Sicherheit und demselben Dogmatismus als Tatsachen der Wissenschaft verkündet und bei Weltanschauungen als Tatsachen hingenommen. Die Frage nach dem Rechtsgrund derartiger Erkenntnisse, nach ihrem Zusammenhang mit dem ursprünglich durch Wahrnehmung und Erfahrung Gegebenen, wird überhaupt nicht erwogen. Ursprüngliche Erfahrungen, d. h. den Sinnen ursprünglich allein gegebene und abgeleitete Erfahrungen, werden überhaupt nicht unterschieden sondern gleichgewertet.

2. Positivismus

Die Unhaltbarkeit des materialistischen Standpunkts hat in prägnanter Weise der neuzeitliche Positivismus aufgezeigt, der sich gegen Ende des 19. Jhd. besonders im Anschluß an den Physiker Ernst Mach entwickelt hat, der aber ebenso wie der Materialismus durch Protagoras schon im Altertum und durch Locke und Hume im 17. Jhd. gelehrt wurde. Der Positivismus erkannte richtig, daß alle Erfahrung und Erkenntnis der Dinge auf sinnliche Empfindung oder richtiger Wahrnehmung zurückzuführen ist. Denn nicht Empfindungen sind, wie sich im Gegensatz zu der Auffassung von Mach und seinen nächsten Nachfolgern herausstellte, das ursprünglich Gegebene, sondern ganzheitliche sinnliche Wahrnehmungen. Die einzelnen Sinnesempfindungen können erst nachträglich durch Abstraktion aus der Wahrnehmung herausgelöst werden. Aber für die Grundthese des Positivismus ist das von nebensächlicher Bedeutung.

Entscheidend für seine These ist, daß hinter den Sinneswahrnehmungen keine substanziellen Dinge stehen, vielmehr Sein und Wahrgenommenwerden grundsätzlich gleichzusetzen sei. Diese grundsätzliche Gleichsetzung macht es jedoch strenggenommen dem Positivismus unmöglich, zur Erkenntnis einer Ordnung, einer Gesetzmäßigkeit zu kommen. Denn was wir nach ihm wahrnehmen, ist nie ein Bewirktwerden, sondern immer nur ein Aufeinanderfolgen der Wahrnehmungen, kein propter hoc sondern ein post hoc. Dementsprechend werden auch Kausalität und Substanz lediglich als Sache der Gewohnheit, als bestimmte Verknüpfungen von Empfindungen resp. Wahrnehmungen aufgefaßt. Hume hat schon gelehrt, daß wir nur durch ein scheinbares Bewirktwerden auf Kausalität schließen, weil wir gewohnt seien, dieselben Eindrücke in gleichen Folgen ablaufen zu sehen. In gleicher Weise sollen die Gewohnheit des gleichen Beisammenseins von Eindrücken die Substanzvorstellung vortäuschen.

Bei dieser Auffassung ist es jedoch nicht zu verstehen, wie man allein von Wahrnehmungen aus überhaupt zur Aufstellung von begründeten wissenschaftlichen Sätzen kommen kann. Protagoras, der konsequenteste Vertreter des Positivismus, hat daher auch folgerichtig die Erkenntnis jeden Seins geleugnet. Der neuere Positivismus will jedoch begreiflicherweise die Wissenschaft nicht preisgeben, steht sie doch als ein unübersehbares Faktum mit all ihren technischen Konsequenzen in unserer Zeit. Mach sucht sie daher mit Hilfe der Biologie als denkökonomische Funktion zu begründen. Aber damit wird offenbar, daß hierbei der Positivist Mach, der sich bemüht voraussetzungslos und metaphysikfrei die Erkenntnis zu begründen, in eine krasse Metaphysik und einen Dogmatismus zurückverfällt. Denn wie ein Deus ex machina erscheint hier die Denkökonomie als zweckmäßige Anpassung, also ein Prinzip der Spezialwissenschaft Biologie, als ein wissenschaftliche Erkenntnis begründendes Prinzip. Dabei handelt es sich aber um ein Prinzip von höchst problematischer, in dieser Spezialwissenschaft selbst völlig ungenügend begründeter Geltung. Es ist ein Rückfall in eine naive anthropomorphistische Denkweise. Denn wie kann ein abgeleitetes bestrittenes Prinzip der Biologie, das selbst erst als wissenschaftliches Ergebnis nachgewiesen werden müßte, die gesamte naturwissenschaftliche Erkenntnis begründen.

Diese Schwächen und Unzulänglichkeiten des älteren Positivismus von Hume und Mach haben die neueren Vertreter desselben eingesehen und durch Berücksichtigung logischer Grundlagen zu überwinden versucht. Das wurde vor allem von dem sogen. Wiener Kreis durchgeführt. Aber auch die Verknüpfung von logischem Denken mit dem Wahrnehmungsinhalt allein genügt noch nicht, um Erkenntnis zu stiften und wissenschaftliche Gesetzmäßigkeiten über reale Prozeßabläufe im Naturgeschehen zu begründen. Auch erkennt der logische Positivismus nicht an, daß durch die Fassung der wissenschaftlichen Naturgesetzmäßigkeiten eine Art „Bild“ oder wenigstens eine Art „Repräsentation“ (Leibniz) des realen Naturgeschehens wiedergegeben werde, und spricht den wissenschaftlichen Formulierungen nur eine für uns Menschen bequeme und nützliche Orientierungsmöglichkeit über das Weltgeschehen zu. So kommt es, daß im Neupositivismus weithin konventionalistische Auffassungen von naturwissenschaftlicher Gesetzmäßigkeit sich breit machen, und angenommen wird, daß es für viele Phänomene nicht nur eine, sondern zwei und mehr gleichberechtigte Theorien und Gesetzmäßigkeiten geben könne. So kommt auch er nicht zur Einsicht, daß noch wesentlich andere Prinzipien, kategoriale Momente am Aufbau naturwissenschaftlicher Erkenntnisse und Gesetze beteiligt sind. Diese bewirken, daß beim Vorliegen zweier oder mehr scheinbar gleichwertiger Theorien über kurz oder lang nur eine übrig bleibt oder die richtigen Elemente beider in einer höheren, einheitlichen Gesetzmäßigkeit aufgehen. Ein Vergleich mit den großen neuen biologischen Gesetzlichkeiten wie der Chromosomentheorie der Vererbung zeigt zudem, daß bei letzterer nur eine einzige Theorie von Anfang der experimentellen Forschung an Geltung erlangen und bewiesen werden konnte, und so war und ist es auch bei vielen physikalischen Theorien.

3. Kritische Ontologie

a. Begründung der kritisch-ontologischen Naturerkenntnis

Von den Wahrnehmungen geht, wie wir gesehen haben, alle Kunde aus, die wir von den Dingen der Außenwelt erhalten. Aber sie allein vermögen keine Erfahrung, keine Wissenschaft zu begründen. Wenn der Positivismus Aussagen macht, denen er Richtigkeit zuschreibt, so setzt er gegen sein Wissen und gegen seinen Willen nicht nur logische, sondern bereits auch apriorische Grundlagen voraus.

Erfahrung kann nicht allein durch Wahrnehmungen und logisches Denken vermittelt werden. Sie wird, wie Kant bereits überzeugend dargetan hat, erst ermöglicht, indem das Denken zu dem Wahrnehmen die Form liefert durch die a priori gegebenen Kategorien.

Die Kategorien sind Elemente der Erkenntnis, Letztheiten, die nicht näher begründet, sondern nur schlicht aufgezeigt und hingenommen werden können. Sie sind nicht weiter logisch erklärbar und erkennbar. Für die Erkennbarkeit der realen Wirklichkeit sind es die sogen. Anschauungskategorien des *Raumes* und der *Zeit* (die jedoch nicht, wie noch Kant gemeint hat, reine Anschauungskategorien sind) und die Denkkategorien der *Substanz* (des Beharrlichen) der Qualität, Quantität usw., besonders aber der *Kausalität*, der *Wechselwirkung* und der *Gesetz-*

lichkeit. Sie sind es, mittels denen der Verlauf der Ereignisse in der Zeit in gesetzlichen Zusammenhang gebracht wird.

Kant hatte in seiner „Kritik der reinen Vernunft“ in aller Klarheit herausgestellt, daß sowohl die einfache empirische Erfahrung des naiven Menschen als auch alle naturwissenschaftliche Erkenntnis aus zwei Quellen fließt, den sinnlichen Wahrnehmungen und den dem Denken gegebenen rein geistigen Prinzipien, den Kategorien. Schon das begriffliche Bewußtwerden einer einfachen Wahrnehmung setzt ein ganzes System von Kategorien voraus. Indem ich z. B. die Wahrnehmung eines bestimmten Tones in meinem Bewußtsein feststelle, setze ich voraus, daß ein Etwas mich affiziert hat, Kategorien der Substanz und Kausalität, daß diese Wahrnehmung von anderen derselben Art quantitativ und qualitativ unterschieden ist, Kategorien der Quantität und Qualität usw. Auch wer, wie der naive Mensch, nicht zur Erkenntnis der kategorialen Prinzipien gelangt, benutzt sie fortgesetzt bei allen Wahrnehmungen und ihrer begrifflichen Formulierung. Sie werden nicht nachträglich durch Abstraktion aus der Erfahrung abgeleitet, wie die Empiristen behaupten, sie sind vielmehr in jeder Erfahrung von Anfang an wirksam. Die Kategorien sind Gedanken, die gelten, ob sie gedacht werden oder nicht. Ohne weitere Begründung sind wir der Überzeugung, daß ihre Anwendung zu Recht besteht, ihre Gültigkeit ist uns gewiß. Die Geltung und die richtige Formulierung der Kategorien kann aber nur *aus und in der Erfahrung* gewonnen werden. Wenn auch so die begriffliche Formulierung einer Kategorie im Laufe des Fortschrittes des Erkenntnisprozesses eine Änderung erfahren kann und muß, so bleibt die kategoriale Geltung des Prinzips als solchem unvermindert bestehen. Aber trotz dieser unbestreitbaren Geltung der Kategorien ist jede Aussage über das Zustandekommen derselben, jede Begründung dafür unmöglich. Somit enthalten alle Kategorien unerklärbare, irrationale Momente, und so steht am Grunde jeder Erfahrung in unserem Subjekt etwas Unerklärbar-Geistiges, Irrational-Metaphysisches, das nur einfach als Phänomen hingenommen, nicht erklärt werden kann.

Mittels der Denkkategorien können jedoch nur jene Teile der realen Außenwelt, der Gegenstände der Natur erkannt werden, für die die gleichen Gesetzmäßigkeiten gelten wie für sie, d. h., nur soweit die Kategorien des Seins mit den Kategorien des Denkens übereinstimmen, Seins- und Denkkategorien identisch sind, kann der reale Gegenstand erkannt werden. Das ist aber niemals der ganze Gegenstand. Die Totalität der Bedingungen eines Gegenstandes ist unendlich und kommt dem Unbedingten gleich. Die menschliche Erkenntnis hängt aber von bestimmten Bedingungen ab, sie vermag das Unbedingte nicht zu erfassen. Es gibt somit eine Grenze der Anschauung und Erkennbarkeit. Erstere ist uns neuerdings in dem Widerspruch der Wellen- und Korpuskelvorstellungen optischer und atomarer Erscheinungen in der Quantenphysik und Wellenmechanik eindringlich deutlich geworden. Jeder Gegenstand enthält einen unerkennbaren irrational-metaphysischen Rest. Neben das Irrational-Metaphysische in unserem Subjekt, den Denkkategorien, tritt hier ein Irrational-Metaphysisches im Objekt, das Problem der Erkenntnisgrenze.

Es besteht jedoch eine übergeordnete gemeinsame Gesetzessphäre für Subjekt und Objekt. Diese ist inhaltlich durch die Reichweite der Denkgesetze, der Denkkategorien bedingt. Nur insoweit diese mit dem realen Sein übereinstimmen, ist der Gegenstand erkennbar. In aller Gegenstandserkenntnis wirken sich immer zwei gegenüberstehende Elemente aus: ein apriorisches, unserem Denken gegebenes und ein aposteriorisches, aus den sinnlichen Wahrnehmungen stammendes. Beide sind selbständige autonome Erkenntnisquellen. Erkenntnis ist ein Zweiinstanzensystem, das auf der Wechselwirkung und gegenseitigen Durchdringung der gegensätzlichen Erkenntnisquellen beruht. Rein apriorische und rein aposteriorische Erkenntnis, Erkenntnis aus dem Denken allein und aus den Sinneswahrnehmungen allein, ist unmöglich, erst beide zusammen ergeben wirkliche Erkenntnis.

Dieses überstandpunktliche Ergebnis der Kantschen Erkenntnistheorie hat der Philosoph Nicolai Hartmann aus dem Kantschen System, dem transzendentalen Idealismus, herausgelöst und durch den Nachweis der Notwendigkeit immer erneuter Prüfung und Formulierung der Kategorien auf Grund neuer naturwissenschaftlicher Erfahrungen und Ergebnisse ergänzt. Kant selbst hat es am klarsten und reinsten in seinem „obersten Grundsatz aller synthetischen Urteile“ zusammengefaßt. Er lautet: *„Die Bedingungen der Möglichkeit der Erfahrung sind zugleich Bedingungen der Möglichkeit der Gegenstände der Erfahrung“*. Weil dieser Grundsatz zu Recht besteht, ist der menschliche Geist imstande, allgemeine wissenschaftliche Urteile zu fällen, auf Grund deren sich die künftigen Einzelfälle voraussagen und berechnen lassen. Wenn ein Astronom den Verlauf einer Planetenbahn im voraus berechnet, dann schreibt diese Rechnung dem Planeten diese Bahn nicht vor, wie der erkenntnistheoretische Idealismus behauptet, „sondern sie schmiegt sich der einen realen Bahn durchaus an“. „Das Rätselhafte ist nur“, sagt Nicolai Hartmann, „daß sie es im voraus kann, ehe der Planet die Bahn durchläuft. Es ist, als gäbe es etwas in der Natur, was auch Mathematik triebe, und zwar dieselbe Mathematik, die der rechnende Verstand treibt“. Aber diese rätselhafte Übereinstimmung zwischen unserm Denken und dem realen Sein kann nur verstanden werden durch die Annahme, daß die *Gesetze oder Prinzipien des Naturgeschehens dieselben sind wie die des rechnenden Verstandes,* und gerade das sagt Kant in seinem oben zitierten Grundsatz: „Die Bedingungen der Möglichkeit der Erfahrung überhaupt“ sind ja die Erkenntnisprinzipien (Kategorien), und diese sind „zugleich Bedingungen der Möglichkeit der Gegenstände der Erfahrung. Das heißt, sie sind zugleich Gegenstandsprinzipien" (Nicolai Hartmann). Es ist dieselbe alte Weisheit, von der schon Plato wußte, wenn er sagte, „daß dieselben Ideen der Seele und dem Kosmos innewohnen" und die in dem von Aristoteles überlieferten Satz alter unbekannter Pythagoräer zum Ausdruck kommt, der lautet: „Die Prinzipien der Zahlen sind die Prinzipien der Dinge."

Jeder Naturforscher sollte sich dieser geistigen Grundlagen naturwissenschaftlicher Erkenntnis, sowie zugleich der Grenzen, die derselben gesetzt sind, bewußt bleiben. Nur wer das Wissen des Wissens, das Wissen um das Zustandekommen der Erkenntnis und zugleich das „Wissen des Nichtwissens", das „Wissen der Grenzen", die der menschlichen Erkenntnis gesetzt sind, besitzt, ist gefeit davor, die Grenzen naturwissenschaftlicher Erkenntnis zu überschreiten und unbewiesene und unbeweisbare ontologisch-metaphysische Folgerungen daraus zu ziehen. Er weiß, daß dies zu jener faulen Metaphysik führt, die Kant so scharf gegeißelt und abgelehnt hat. Er weiß, daß es Probleme gibt, wie die der Ethik, Willensfreiheit und Religion, die anderen Seiten menschlichen Seins zugehören und nur diesen zugänglich, dagegen der Domäne der Naturwissenschaften entzogen sind. Die Fehler der rein empiristischen Naturforscher und Philosophen beruhen darauf, daß sie die Reichweite der sinnlichen Erfahrung, der aposteriorischen Erkenntnis überschätzen, weltanschauliche Folgerungen daraus ziehen und somit die ihr gesetzten Grenzen überschreiten. Die Fehler des idealistischen Philosophierens beruhen dagegen auf einer Überschätzung der menschlichen Vernunft und dem Überschreiten der dieser gesetzten Grenzen. Nur wer den Weg der Mitte geht, wird die Abwege nach beiden Seiten vermeiden. Nur auf dem Weg der Mitte werden die auf beiden Seiten extremen Seiten auftauchenden Mißverständnisse und Grenzüberschreitungen erkannt und vermieden.

Die Scheu und die Abneigung vieler Naturforscher vor der Anerkennung kategorialer geistiger Prinzipien beim Aufbau der Theorien und Gesetze ist vielfach darauf zurückzuführen, daß sie die Kategorien mit der starren, rationalen Kategorientafel Kants identifizieren, die dem menschlichen Geist irgendwie von Anfang an eingeboren seien, völlig unabhängig von aller empirischen (wissenschaftlichen) Erfahrung. Das ist aber ein Kategoriebegriff, wie ihn schon der Neukantianismus eines A. Riehl und H. Cohen überwunden hatte und erst recht die Kategorialanalysen Nicolai Hartmanns. Man kann nicht, wie noch Kant und seine idealistischen Nachfolger das getan haben, die Kategorien rein rational deduktiv ableiten. Sie lassen sich erst *in* und *durch* die Erfahrung sichtbar machen.

Aber auch die revidierte Kantsche Lösung, die Nicolai Hartmann im Sinne von Kants oberstem Grundsatz gegeben hat, ist keine Lösung für alle Zeiten. Nicolai Hartmann hat immer darauf hingewiesen, daß man scharf zwischen Geltung der Kategorien und ihrer Erkenntnis und Formulierung unterscheiden muß. Die Frage nach den geistigen Grundlagen und den Grenzen der Naturforschung muß immer wieder neu aufgeworfen werden. Eine solche fortgesetzte Auseinandersetzung zwischen Philosophie und Naturwissenschaft betrifft nicht nur die Formulierung der naturwissenschaftlichen Ergebnisse und die Folgerungen aus ihnen, sondern auch die Formulierungen und näheren Präzisierungen der kategorialen geistigen Prinzipien der Naturforschung. Denn wenn auch alles Handeln und Denken, nicht nur des Naturforschers, sondern auch jedes naiven Menschen, kategorial mitbedingt ist, so ist doch die eigentliche Formulierung der Denk- und Seinskategorien nicht eine einmalige Angelegenheit eines Denkers, wie noch Kant gemeint hat, sondern wie jede wissenschaftliche Forschung eine unendliche Aufgabe, die bei jedem Fortschritt — und jede sogenannte Krise bedeutet fast immer einen großen Fortschritt — neu gestellt und neu gelöst werden muß.

b. Die wichtigsten Kategorien biologischer Erkenntnis

α) *Kausalität*

An der Kategorie der *Kausalität*, der tragenden Kategorie aller Naturforschung, läßt sich das leicht zeigen. Sie besagt, daß die Reihe der Zustände im Prozeß — und alle Zustände in der Welt des Anorganischen wie des Organischen lösen sich nach den neuen Ergebnissen in Prozesse auf — nicht beliebig aufeinander folgt, sondern in bestimmter Reihenfolge ein Zustand vom andern abhängig ist, bzw. einer den anderen „hervorbringt". Der frühere Zustand ist die Ursache, der spätere die Wirkung. Das Kausalprinzip ist daher mit Kant die apriorische Voraussetzung des Geschehens. Es hat nach ihm die allgemeine Form: „Jede Veränderung setzt eine Ursache voraus, auf die sie nach einer Regel erfolgt." Das Auffinden der damit postulierten Regeln und Naturgesetze ist die Aufgabe der Naturwissenschaften. Im engeren Sinn ist der Begriff „Veränderung" auf das zeitliche Geschehen bezogen. In dieser Hinsicht behauptet das Kausalprinzip die Notwendigkeit oder Determiniertheit alles Geschehens. Nimmt man den Begriff „Veränderung" im weiteren Sinne als Änderung im Verhalten, so besagt das Kausalprinzip, daß sich gleiche Dinge unter gleichen Bedingungen gleich verhalten. Verhält sich ein Gegenstand verschieden, so müssen verschiedene Ursachen vorliegen, die diese Änderung im Verhalten bewirken.

Dafür ein Beispiel: wenn ein Physiker das Atomgewicht von Wasserstoff bestimmt, und er kommt dabei im Laufe der Zeit zu verschiedenen Ergebnissen, so schließt er daraus nicht, daß sich Wasserstoff einmal so und einmal anders verhalten kann, sondern er wird zunächst seine Versuchsbedingungen prüfen, ob sie wirklich in allen

Fällen gleich waren oder ob eine bis dahin verborgene Ursache die Abweichung bewirkt hat. Hat er sich davon überzeugt, daß die Bedingungen in allen Fällen genau gleich waren, so wird er zu dem Schluß gezwungen, daß es Wasserstoffarten von verschiedenem Atomgewicht geben muß. Das verschiedene Verhalten führt zur Unterscheidung verschiedener Wasserstoffarten, sie ist konstitutiv für die Begriffsbestimmung dieser Wasserstoffarten oder Isotope. In solchen Begriffsbestimmungen an Hand des gesetzmäßigen Verhaltens liegt das Geheimnis der Induktion (s. unten S. 49 u. f.), deren apriorische Voraussetzung die Regelmäßigkeit des Geschehens und damit das Kausalprinzip ist.

Galilei hatte mit der Einführung der exakten kausalanalytischen Methode (s. S. 67) zugleich die mathematische Fassung der von ihm ermittelten Fallgesetze verbunden und dadurch die Vorausberechenbarkeit des ihnen folgenden Naturgeschehens ermöglicht. Damit waren jedoch von ihm von vornherein aposteriorische, aus der Erfahrung stammende Momente mit dem kategorialen Kausalprinzip verbunden und somit das Prinzip überspitzt und sein kategorialer Charakter verwischt worden. Es ist erstaunlich, daß 300 Jahre lang dieser überspitzte, belastete Kategorienbegriff der Kausalität in der Physik ohne Schwierigkeiten angewandt werden konnte und erst in der modernen Quanten- und Atomphysik es zu Unstimmigkeiten kam. Denn nach der Heisenbergschen Unsicherheitsrelation ist ein streng kausal bestimmter Ablauf der elementaren Einzelprozesse im Gebiet der Atome prinzipiell nicht feststell- und vorausberechenbar. Da aber die Physiker bis in unser Jahrhundert hinein in immer stärkerem Grade die strenge Vorausberechenbarkeit als das wesentlichste Merkmal kausaler Gesetze angenommen und deren Formulierungen zugrunde gelegt haben, kam man zu der völlig mißverständlichen Aussage, daß in der Quantenphysik im Gebiet der Atome, das Geschehen „akausal“ verlaufe und den Elementarprozessen eine gewisse Freiheit der Entscheidung zukomme. Wenn man aber das Kausalprinzip aus dieser überspitzten Formulierung herauslöst, die Nichtdeterminierbarkeit der Elementarvorgänge und ihre Nichtvorausberechenbarkeit nicht mit Undeterminiertheit verwechselt, so fällt diese falsche Beurteilung weg. Es läßt sich zeigen, daß auch die Quantenphysik (einschließlich der Heisenbergschen Unsicherheitsrelation) nur durch die strenge Anwendung der Kausalität als kategoriales Prinzip gewonnen worden ist und gewonnen werden konnte. In der Atomphysik ist eine kausale Aufklärung der Einzelprozesse, auf denen ihre statistischen Gesetze beruhen, im Gegensatz zu den statistischen Gesetzen der Thermodynamik z. Z. unmöglich. Ob je die atomaren Elementarvorgänge kausal erklärt werden können, läßt sich heute nicht voraussagen. Aber das kann auch an dem jetzigen Stand der Forschung liegen, und mit einem endgültigen Urteil sollte man zurückhaltend sein.

Abgesehen davon, daß es nicht nur in der Biologie große rein qualitative Gesetze gibt ohne alle mathematische Fassung und Vorausberechenbarkeit (s. später S. 91, 92) und dasselbe auch für viele physikalische Vorgänge ursprünglich zutraf und teils noch zutrifft, können mikrophysikalische Elementarprozesse in manchen Fällen *nach* ihrem Ablauf auch nachträglich berechnet werden. Dadurch läßt sich zeigen, daß sie kausal verlaufen sind. Das ist z. B. der Fall, wenn ein energiereiches Meson der kosmischen Strahlung nach Durchgang durch eine Bleiplatte in einer Wilsonkammer in ein positives und negatives Teilchen gespalten wird. Unter der Einwirkung eines Magnetfeldes werden die beiden + - und — -Teilchen in der Kammer nach entgegengesetzten Seiten in bestimmten Kreisbahnen abgelenkt. Aus der Art der Ablenkung läßt sich nachträglich die ganze Energiebilanz der Spaltung des Mesons dem Energieprinzip entprechend berechnen und dadurch die Geltung des Kausalprinzips für diesen quantenphysikalischen Elementarvorgang nachweisen.

β) Wechselwirkung

Das Kausalprinzip und der Kausalnexus allein genügen jedoch noch nicht. Jeder Prozeßablauf an einem Naturobjekt, jede Änderung des Zustandes eines solchen Objekts, erfolgt ja auch auf Grund eines einzelnen Kausalnexus. Alle einen Zustand in einem bestimmten Zeitmoment bedingenden, zusammenwirkenden Kausalreihen, die in einer simultanen Kollokation zum Gefüge verbunden sind, machen erst die Gesamtursache aus, und das Gleiche gilt für die Wirkung. „Die geringste Verschiebung im Bestand einer Gesamtursache bedeutet eine entsprechende Verschiebung im Bereich der Gesamtwertung." Daher gilt der bekannte Satz: gleiche Ursachen — gleiche Wirkung, der jedoch, um Mißverständnisse zu vermeiden, durch den Satz zu ergänzen ist: verschiedene Wirkung — verschiedene Ursachen. Es handelt sich aber um Wirkung sämtlicher in einem Zeitmoment räumlich zusammenwirkender Einzelkausalnexen, um *Wechselwirkung*. Die Wechselwirkung stellt somit ein neues, dem Kausalnexus übergeordnetes, für die Naturerkenntnis entscheidend wichtiges kategoriales Prinzip dar. Dabei stehen Wechselwirkung und die einzelnen Kausalreihen in keinem Widerspruch, sondern gehen in der Einheit einer Gesamtdetermination zusammen.

Mit Nic. Hartmann kann man die Wechselwirkung folgendermaßen formulieren: „Was im Raum zugleich ist, steht in durchgängiger Wechselwirkung", d. h., „alle gleichzeitigen Prozesse, sofern sie nur überhaupt räumlich zusammenhängen, beeinflussen einander". Dasselbe gilt natürlich von allen gleichzeitigen Zuständen, die ja nur Prozeßstadien sind. Die Gesetzlichkeit, die die Gleichartigkeit der Kausalfolge in den Prozessen ausmacht, ist somit notwendig zugleich die Gesetzlichkeit der Zustände. Nur die Wiederkehr der gleichen Ursachenkomplexe in den Zuständen ermöglicht zugleich eine Gleichzeitigkeit der Prozesse und Wiederkehr typischer Abläufe. „Nur gleiche Gesamtursachen bringen gleiche

Wirkungsreihen hervor." Damit ergibt sich: „Die Gleichartigkeit der Kausalfolge ist zugleich die der Wechselwirkung. Die Gesetze des Prozesses sind zugleich die des Zustandes."

Die untrennbare, hochkomplexe Querverbundenheit der einzelnen bloß linearen Kausalreihen ist somit für die Erkenntnis der realen Welt das Entscheidende. „Es gibt keine Kausalität in der Welt ohne Wechselwirkung." Die Wechselwirkung setzt zwar die Kausalität voraus, nicht aber die Kausalität die Wechselwirkung. Aber ohne sie ist die Kausalität allein „abstrakt" und kommt in der Natur so nicht vor. Erst durch ihr Zusammenbestehen mit der Wechselwirkung erfüllt sie ihre kategoriale Funktion. „Was die Kausalität für den Prozeß ist, ist die Wechselwirkung für den Zustand." „Aber es gibt weder den Prozeß ohne Zustand noch den Zustand ohne Prozeß" (Nic. Hartmann).

γ) Gesetzlichkeit

Kausalität und Wechselwirkung bedingen, daß die Zustände im Prozeß nicht beliebig aufeinander folgen, sondern einer den anderen hervorbringt, daß dabei von einem gegebenen Stadium nicht viele Möglichkeiten vorliegen, sondern nur eine. Damit ist aber an sich noch nicht gewährleistet, daß wir bei der genauen Verfolgung und Feststellung dieser Prozeßabläufe allgemeine Gesetze vom Notwendigkeitscharakter festzustellen vermögen. Daß wir dazu jedoch imstande sind, liegt nicht an den bisher erörterten Denkkategorien, sondern an der Tatsächlichkeit des realen Geschehens, dem die *Seins*kategorie der *Gesetzlichkeit* zugrunde liegt.

Der durch die Wechselwirkung bedingte Zustand besteht darin, daß nicht viele Möglichkeiten des weiteren Prozeßablaufes erfolgen, sondern jedes Stadium im Prozeß wieder ein geschlossenes Ganzes gleichzeitigen Zusammenbestehens ist. Dies bewirkt, daß die Mannigfaltigkeit der Ursachenkomplexe nicht uferlos ist, nicht jedesmal völlig neue Kollokationen von Teilursachen auftreten, was an sich denkbar wäre. Damit erfolgt Wiederkehr des Gleichartigen, und damit erst werden auch die Abläufe gleichartig. Eine Realmöglichkeit weist nicht in jedem Falle eine durchaus neue Kollokation auf, sondern eine gewisse Gleichartigkeit für ganze Gruppen von Prozeßabläufen. Trotz der unübersehbaren Mannigfaltigkeit und Individualität zeigt daher das Naturgeschehen im Fortlaufen der Gesamtprozesse der Teilprozesse Typik, die Wiederkehr eines strengen, wenn auch keineswegs immer einfachen Formentypus der Vorgänge selbst.

Was sich im Prozeß erhält, ist nicht nur der Prozeß selbst, sondern auch die Wiederkehr besonderer Prozeßformen. Damit wird die *Gesetzlichkeit*, die sich auf die Gesamtnatur erstreckt, für die Naturerkenntnis zur grundlegenden Kategorie. Erst durch die Gleichartigkeit der Naturabläufe und die ihr zugrunde liegende Naturgesetzlichkeit wird das Naturgeschehen erst greifbar und erkennbar trotz Kausalität und Wechselwirkung. Die Naturgesetzlichkeit und die Naturgesetze haben wie die Kategorien den Charakter von Seinsprinzipien. Sie haben kein Sein neben ihrem Prinzipsein, aber sie determinieren den Verlauf der Prozesse, bringen die Gleichförmigkeit in sie hinein, sind *Realgesetze*. Sie bestehen unabhängig von ihrem Erfaßtwerden, sind nicht ohne weiteres inhaltsidentisch mit dem von der Naturwissenschaft formulierten Gesetzen. Letztere sind nur Versuche des erkennenden Bewußtsein sie zu erfassen.

Wesentlich ist für die Naturgesetze ihr *Allgemeinheits-* und ihr *Notwendigkeitscharakter*. Der Einschlag des Apriorischen in der Naturerkenntnis hängt an der Seite der Gesetzlichkeit der Natur; denn sie hat die Form der Allgemeinheit. Die Allgemeinheit wird aber nicht erst durch induktive Erfahrung gewonnen, sondern ist apriorische Voraussetzung aller Erfahrung. Diese apriorische Voraussetzung ist weder logisch noch erkenntnistheoretisch erweisbar, sie ist eine rein ontologisch-kategoriale. Es ist die Voraussetzung der „*Gleichförmigkeit der Natur*", wie dies selbst der Positivist J. St. Mill erkannt und klar formuliert hat, wobei er allerdings irrtümlicherweise glaubte, eine empiristische Begründung geben zu können. In dem Abschnitt über die Methodenlehre wird auf diese Frage nochmals eingegangen werden (S. 53).

Die strenge unverbrüchliche Gesetzlichkeit der Naturgesetze, der Notwendigkeitscharakter zukommt, ist aber trotzdem mit der Individualität der Fälle harmonisch vereinbart. Nic. Hartmann hat das in folgenden 4 Sätzen treffend formuliert:

„1. Alles was in der Natur geschieht, beruht auf dem Zusammentreffen der Bedingungen (contingenta), ohne Vorbestimmung. Es geschieht also ‚zufällig'.

2. Alles, was ‚zufällig' geschieht, kann auf Grund des Vorausgehenden nicht anders ausfallen, als es ausfällt. Es geschieht also notwendig.

3. Alles was notwendig geschieht, geschieht in seiner Vollständigkeit nur einmal, es ist qualitativ individuell. Diese Individualität hat es nicht auf Grund eines Prinzips, sondern aus dem Realzusammenhang heraus.

4. Alles was einmalig geschieht, steht gleichwohl in allen seinen Einzelbestimmungen unter allgemeinen Prinzipien. Es hat also nichtsdestoweniger auch die Wesensnotwendigkeit des streng Allgemeinen in sich. Dieses streng Allgemeine ist die Naturgesetzlichkeit."

B. Methoden der biologischen Forschung

1. Das vierfache Methodengefüge der sog. induktiven Methode

Der ungeheure Fortschritt, den die Naturwissenschaften in den Jahrhunderten seit Galilei genommen haben, wird meist der Anwendung der sogenannten *induktiven Methode*, dem Schließen vom Besonderen auf Allgemeines, zugeschrieben. Doch hatte schon Galilei bei der Begründung der Fallgesetze klar erkannt, daß bei der kausalanalytischen experimentellen Methode, induktives und deduktives, streng logisches Schließen vom Allgemeinen zum Besonderen stets streng gekoppelt gehandhabt werden müssen. Diese tiefe Einsicht in die Methode naturwissenschaftlicher Forschung war jedoch den meisten Naturwissenschaftlern und Philosophen abhanden gekommen, und erst einige ältere Logiker wie Sigwart, Aloys Riehl und Bruno Bauch haben vor und nach der Jahrhundertwende mit Nachdruck wieder darauf hingewiesen. Sie haben wieder erkannt, daß es kein rein induktives Verfahren bei der Ermittlung naturwissenschaftlicher Erkenntnisse gibt, sondern daß dasselbe immer mit deduktiven Schlüssen verknüpft ist und daß sich beide Methodenmomente aufs innigste durchdringen. Je weiter ein naturwissenschaftliches Gebiet fortgeschritten ist, einen je größeren Grad von Exaktheit und Sicherheit es erreicht hat, eine um so größere Rolle spielen die Deduktionen, um so stärker festgelegte und eingebaute Glieder bilden sie in der methodischen naturwissenschaftlichen Arbeit.

Von diesem Gesichtspunkt aus lassen sich zwei verschiedene Arten von Induktion unterscheiden, die *reine oder generalisierende Induktion* und die *exakte Induktion.* Die beiden Methoden decken sich weitgehend, wenn auch nicht völlig, mit der *vergleichenden* und der *experimentellen Methode* in der Biologie. Letztere treibt ausgesprochen kausale Gesetzforschung, erstere strebt zwar auch danach, Regel- und Gesetzmäßigkeiten zu ermitteln, muß sich jedoch meist mit der Aufstellung bestimmter Gruppenzusammenhänge, Ordnungstypen begnügen, und nur selten gelingt die Ermittlung allgemeinerer Regeln und Gesetzlichkeiten, und zwar zunächst nur in hypothetischer Form. Den durch beide Methoden ermittelten Regeln und Gesetzen kommt anerkanntermaßen niemals absolute Geltung zu, da sie beide hypothetische Elemente enthalten. Aber es wird mit Recht von Naturwissenschaftlern wie

Logikern den mittels des Experiments, der exakten Induktion gewonnenen Gesetzen ein stärkerer Grad der Sicherheit zugeschrieben als den auf Grund rein vergleichender Beobachtungen und Beschreibungen der generalisierenden Induktion gewonnenen Regeln. Diese größere Sicherheit beruht auf den fest eingebauten, stark hervortretenden und sich auswirkenden deduktiven Zügen des Beweisverfahrens.

Die Frage, wie überhaupt rein induktives Verfahren, wie der *einfach generalisierende* Schluß vom Einzelnen auf Allgemeines, wissenschaftliche Ergebnisse von irgendwelcher Wahrscheinlichkeit und Sicherheit erbringen kann, war auch durch eine Verknüpfung mit deduktiven Momenten noch nicht eindeutig logisch beantwortbar. Daß größere Wahrscheinlichkeit und Sicherheit der Ergebnisse dabei nicht durch einfache Summierung der Fälle zustande kommt, wie von Empiristen und Positivisten immer wieder behauptet wird, haben ältere Logiker bereits überzeugend betont. Erst in neuerer Zeit wurde erkannt, daß nicht nur induktives Verfahren mit deduktiven Schlüssen gekoppelt ist, sondern daß es sich um ein *vierfaches Methodengefüge* handelt, bei dem mit *induktiven* und *deduktiven* Schlüssen stets *Analysen* und *Synthesen* verbunden sind. Die Zunahme der Sicherung eines generalisierend induktiven Schlusses kommt nur zustande durch fortgesetzte Analysen weiterer, in größerem oder geringerem Grade verschiedener Fälle zustande. Nur auf diese Weise kann das allgemein für alle zutreffende Wesen aller Fälle ermittelt werden, was durch Vermehrung völlig gleicher Fälle nicht möglich ist. Das gleiche vierfache Methodengefüge liegt aber auch bei der exakten Induktion vor; ja, hier sind die vier Methodenelemente noch fester aneinander gekoppelt, sind in strengerer Festlegung wirksam. Im Folgenden wird eingehend gezeigt werden, daß das induktive Verfahren, wie es seit Galilei in den Naturwissenschaften gehandhabt wird, überall den Charakter dieses vierfachen Methodengefüges besitzt, sowohl bei der generalisierenden wie bei der exakten Induktion.

Bevor die beiden Arten der Induktion näher erörtert werden, muß auf die notwendigen metaphysischen Voraussetzungen aller naturwissenschaftlichen Forschungsmethoden hingewiesen werden.

2. Methaphysische Voraussetzungen der induktiven Methode

a) Die Voraussetzung der realen Außenwelt

Die Anwendung des vierfachen Methodengefüges der Induktion ist nur möglich, wenn zwei nicht beweisbare metaphysische Voraussetzungen anerkannt werden. Die erste ist die Annahme einer realen Außenwelt, eines an sich bestehenden, von aller Erkenntnis und allem Bewußtsein unabhängigen Seins. Der Gegenstand der Wahrnehmung entsteht nicht erst in der Wahrnehmung, wie die positivistischen und idealistischen Erkenntnistheorien behaupten; er ist vielmehr „vor allem Wahrnehmen unabhängig von ihm so, wie er ist". Das natürliche Realitätsbewußtsein muß eben als einfache Tatsache hingenommen werden. Die These des natürlichen Realitätsbewußtseins kann nicht bewiesen, nicht erkannt werden. Es ist „ein Grundphänomen und als solches überhaupt nicht zu bestreiten". Sie bedarf daher auch keines Beweises, da sie als Grundphänomen jederzeit aufzeigbar ist.

Der Gegenstand der Natur, das von aller Erkenntnis unabhängige Sein der realen Welt, ist ein „Unendliches", nur zum geringen Teil rational begreifbares, in seiner Gesamtheit aber irrationales transintelligibles „Ansichsein", es ist „Ding an sich". So unbegreiflich es ist, hat doch die Objekterkenntnis Beziehung zu diesem Sein und gibt ein Teil von ihm wieder. Doch deckt sich das Erkenntnisbild, die Repräsentation *(Leibniz)* nicht mit dem realen

Gegenstand der Natur, da es weder vollständig adaequat, noch dem seienden Gegenstand ähnlich ist. Aber der naive Realismus hat mit der nackten Realitätsthese doch recht. Und diese Realitätsthese des natürlichen Weltbildes (jedoch unter Aufhebung der von ihr zugleich mitvertretenen Adaequatheitsthese desselben) hält auch von jeher alle Naturwissenschaft fest. Die Anerkennung einer realen Außenwelt ist eine unbedingt notwendige Voraussetzung, ohne die Naturwissenschaft nicht möglich ist, und die jede Naturwissenschaft als selbstverständlich hinnimmt. Trotz des unvermeidlichen Metaphysischen, das in dem Problem des „Ansichseins" vorliegt, trotz des weitgehend Irrationalen am Gegenstand, hat es die Naturforschung, die Naturerkenntnis nur mit diesem von ihr unabhängigen Ansichsein zu tun, allerdings nur, soweit es rationalisierbar, begreifbar ist. Naturwissenschaft ist Rationalisierung des rationalisierbaren, von der ratio erfaßbaren Teils der ansichseienden unerschöpflichen Natur.

b) Die Voraussetzung der Gleichförmigkeit und Ordnung der Naturwirklichkeit

Jede naturwissenschaftliche Begriffsbildung, jede (auch die einfachste) naturwissenschaftliche Aussage ist nur möglich, wenn an jedem Naturgegenstande, an jedem Naturvorgang Regelmäßiges, Geordnetes, Allgemeines, Gesetzliches vorhanden ist (s. oben S. 52). Auch dies ist eine apriorische, metaphysische Voraussetzung, die nicht bewiesen, nicht erklärt werden kann, die aber für die wissenschaftliche Erfassung der Natur unerläßlich ist. Jede wissenschaftliche Methode, alles methodisch wissenschaftliche Verfahren zur Gewinnung gültiger naturwissenschaftlicher Aussagen und Gesetze ist eben nur möglich unter der Voraussetzung „der Gleichförmigkeit des Naturgeschehens" (J. St. Mill), der „Ordnungsvoraussetzung der Naturwirklichkeit" (Ungerer), „der Voraussetzung der Begreiflichkeit der Natur" (Helmholtz), „von der logischen Erkennbarkeit" (F. Braun), der „Planmäßigkeit der Natur" oder wie man es sonst nennen mag. Wie die Realitätsthese bedarf auch diese apriorische Voraussetzung keines Beweises. Wie jene ist auch ihr Inhalt ohne weiteres als Phänomen gegeben. Nicht nur die Naturwissenschaftler, auch jeder naive Mensch richtet sich bei allem Urteilen und Handeln nach diesem Phänomen der Ordnung, der Gleichförmigkeit der Natur und erkennt es als selbstverständlich an, ohne sich dessen bewußt zu ein. Und genau so richtet sich auch jeder Naturforscher, bewußt oder unbewußt, darnach, auch wenn er einen subjektivistischen erkenntnistheoretischen Standpunkt vertritt, mag es ein idealistischer oder positivistischer resp. konventionalistischer sein. Es ist eben Phänomen, daß die Welt kein ungeordnetes Chaos, sondern ein wohlgeordneter Kosmos ist, mag sie auch noch so viel Unerkennbares, Irrationales in sich bergen. Und weil dem so ist, weil nicht nur die Lebewesen, sondern auch alle anorganischen Gebilde, seien es Atome, Kristalle oder Planetensysteme, wohlgeordnete ganzheitliche Systeme sind, ist eben Naturforschung und Naturwissenschaft überhaupt möglich. Naturwissenschaft ist Rationalisierung der Erscheinungswelt. Nur das Rationale am Naturgegenstand wird am „Bild", der „Repräsentation" desselben begrifflich zu wissenschaftlichen Aussagen und Gesetzen geformt. Gäbe es in der Natur nichts gesetzlich Erfaßbares, nichts Rationales, so wäre jede Naturwissenschaft von vornherein unmöglich, weil die uns Menschen zur Verfügung stehenden Erkenntnismethoden nicht angewandt werden könnten. Die Voraussetzung eines logisch Allgemeinen, eines gesetzlichen Einschlages in den Naturgegenständen ist die apriorische Voraussetzung und Grundlage jedes „induktiven" wissenchaftlichen Verfahrens.

3. Die generalisierende und exakte Induktion

a) Die generalisierende Induktion

Jedes induktive Verfahren setzt Analysen und Synthesen voraus, und die dabei sich vollziehende Synthese kann nur erfolgen unter Voraussetzung eines Allgemeinen, das seinerseits als deduktives Moment funktioniert, unter das die Subsumption erfolgt. Und umgekehrt setzt jedes deduktive Schließen von einem Allgemeinen aus ein induktives Verfahren voraus. Denn nur dadurch kann bei der Naturerkenntnis ein Allgemeines hypothetisch formuliert werden, unter das neue Fälle subsumiert oder von dem aus wieder deduktiv analytisch aber zugleich auch synthetisch neue Fälle konstruiert und abgeleitet werden können. Alle vier Methodenmomente werden also stets zusammen angewandt — es handelt sich um ein unlösbar verbundenes vierfaches Methodengefüge. Dabei können die vier Glieder allerdings vielfach in sehr verschieden starkem Grad beteiligt sein. Je nach der festeren Bindung und besonders je nach verschieden starker Beteiligung deduktiver Verfahrensweisen bei verschiedenen Forschungszielen und Forschungsverfahren kann die angewandte Methode dann ein recht verschiedenes Aussehen, die durch sie vermittelte wissenschaftliche Erkenntnis eine recht verschiedene Bedeutung und einen sehr verschiedenen Wert gewinnen. Eines der vier Methodenmomente kann dabei so stark in den Vordergrund treten, daß die anderen fast unbeachtet bleiben. Nach der festeren Verknüpfung und der ausgeprägten Art der „rein" deduktiven Momente in dem vierfachen Methodengefüge lassen sich, wie oben schon erwähnt wurde, zwei verschiedene Arten von Induktion unterscheiden, die *generalisierende* oder *reine Induktion* und die *exakte Induktion.*

Bei der *generalisierenden Induktion* werden durch Vergleich von Ähnlichkeiten und Verschiedenheiten der Naturkörper, ihrer Teile und der sich daran vollziehenden Vorgänge dieselben in ein System von allgemeinen Begriffen und Aussagen gebracht. Daß das nur unter der Voraussetzung eines Allgemeinen, der Ordnungsvoraussetzung der Naturwirklichkeit und Begreiflichkeit der Natur möglich ist, wurde oben bereits auseinandergesetzt (s. S. 52).

Alle Naturkörper, ihre Teile und die sich am Ganzen wie an den Teilen abspielenden Vorgänge treten uns als *besondere Ganzheiten*, als etwas *harmonisch* Geordnetes, gesetzlich Zusammengesetztes, also als etwas Synthetisches gegenüber. Um von diesen besonderen „Ganzen", von den besonderen Naturkörpern zu allgemeinen Begriffen, von den an ihnen sich vollziehenden Vorgängen zu allgemeinen Regeln und Gesetzen zu gelangen, müssen die einzelnen Naturkörper und Naturvorgänge, sei es tatsächlich oder gedanklich, in Glieder und einzelne Teile zerlegt werden, da nur auf diese Weise in der darauffolgenden Synthese der Begriff des Subsumptionsallgemeinen zu gewinnen ist. Nur auf diesem Wege kann von besonderen Naturwirklichkeiten zu allgemeinen Begriffen fortgeschritten werden; nur so können Ordnungen, Gesetzmäßigkeiten des Ganzheitsaufbaues von Naturkörpern und Naturvorgängen erkannt und hypothetisch formuliert werden.

Das sei zunächst an einigen Beispielen aus der Biologie noch näher erläutert. Die Gegenstände der Biologie, die Organismen, sind ganzheitliche Systeme von äußerst komplexer Natur, die in ungeheurer Mannigfaltigkeit ihrer Ausprägungen sich vorfinden. Die erste Aufgabe der Biologie besteht darin, die ungeheure Zahl der verschiedenen Ausprägungen tierischer und pflanzlicher Formen zu ordnen, sie zu klassifizieren und in ein System zu bringen. Dazu werden einander ähnliche oder gleichende Ganzheiten (Individuen) in größerer oder kleinerer Anzahl gedanklich oder faktisch durch Analyse in Teile zerlegt und die als wesentlich betrachteten Teile (Merkmale) synthetisch zu einem allgemeinen, für alle gleichen oder ähnlichen Individuen geltenden Begriffe formuliert und von anderen Gruppen mehr oder minder verschiedener Ausprägung begrifflich unterschieden. So werden zum Beispiel *Rana temporaria* und *Rana esculenta* als zwei Arten der Gattung *Rana* begrifflich gekennzeichnet. Durch Analysen von Ganzheiten, in diesem Falle tierischen Individuen, werden die wesentlichen Gleichheiten und Verschiedenheiten festgestellt und die einander gleichenden Individuen synthetisch unter den allgemeinen Begriff der bestimmten Art gebracht. Diese Kennzeichnungen der einzelnen Arten sind keine einfachen Beschreibungen der betreffenden Formen, die nur der Wiedererkennung derselben dienen. Jedenfalls soll eine gute Artbeschreibung nicht nur das sein, sie soll vielmehr die wesentlichen Züge erfassen, die der Übereinstimmung sowohl wie die der Unterscheidung von den anderen Arten derselben Gattung.

Dasselbe Verfahren wird angewandt bei der begrifflichen Bildung übergeordneter Gruppen. Die Familien der Frösche *(Raniden)*, der Kröten *(Bufoniden)* und Knoblauchskröten *(Pelabatiden)* werden als Familie unter die Unterordnung der *Phaneroglossa* eingereiht, diese mit der Unterordnung Aglossen als Ordnung *Anuren* (schwanzlose Lurche) zusammengefaßt und mit der Ordnung der *Urodelen* (Schwanzlurche) in die Klasse der Amphibien gestellt, diese selbst wieder den Wirbeltieren untergeordnet usw. Auf diese Weise entstehen die Ordnungssysteme der tierischen und pflanzlichen Systematik und diesen kommt, wie später zu zeigen sein wird, nicht nur die Bedeutung eines kennzeichnenden Ordnungscharakters zu, sondern dieser Ordnungscharakter ist zugleich der Ausdruck einer darin sich offenbarenden, wenn auch noch nicht erkannten Gesetzmäßigkeit.

Die auf die beschriebene Weise zustande gekommene Klassifikation ist kein willkürliches Ordnungsschema, wie es etwa als Katalog in einer Registratur zu leichterer Orientierung und bequemerem Gebrauch angewendet wird, keine einfache Katalogisierung, sondern ein *„natür-*

liches" System, das mit Recht den Anspruch erheben kann, eine in den Objekten selbst und ihren gegenseitigen Beziehungen liegende Ordnung und Gesetzlichkeit zum Ausdruck zu bringen. Das kommt in der als selbstverständlich betrachteten, aber an sich überaus rätselhaften Neben-, Über- und Unterordnung der verschiedenen „Gruppen unter Gruppen" (D a r w i n) unzweideutig zum Ausdruck. Denn die begrifflichen Fassungen dieser Neben-, Über- und Unterordnungen stellen nicht, wie von positivistischer Seite behauptet wird, nur bequeme Konventionen und Ordnungsmittel zur Registrierung der Mannigfaltigkeiten dar, sondern sie beruhen auf dem darin, wenn auch noch unvollkommen, erfaßten objektiven Gehalt innerer Gesetzmäßigkeiten, die den anorganischen und organischen Naturkörpern innewohnen. Dabei kommt es allerdings sehr darauf an, daß es bei diesen Kennzeichnungen wirklich gelungen ist, die *Wesenszüge* der betreffenden Naturkörper und ihrer Gruppen zu erfassen. Es erhebt sich daher die Frage, wie das möglich ist; wie ist ein derart vages logisches Verfahren, wie die reine oder generalisierende Induktion imstande, eine den Naturobjekten selbst innwohnende Ordnung und Gesetzmäßigkeit zu ermitteln.

D. H u m e und I. St. M i l l haben die Ansicht vertreten, daß das induktive Verfahren an sich überhaupt keine sicheren Aussagen verbürge. Die Sicherheit, mit der wir induktive Erfahrungsurteile hinnehmen, sei nur vorgetäuscht durch die vielfache Wiederholung gleicher Fälle, es sei nur eine Sache der Gewöhnung. Aber schon ältere Logiker wie J e v o n s, S i g w a r t, A. R i e h l. B r. B a u c h u. a. haben überzeugend ausgeführt, daß diese Ansicht nicht zutreffend ist. Die Sicherheit, mit der viele rein induktiv gewonnene Erfahrungsurteile in den Naturwissenschaften als völlig richtig angenommen werden, ist keine scheinbare, sondern eine voll berechtigte. So ist jeder Zoologe überzeugt, daß die Gehörknöchelchen der höheren Wirbeltiere gewissen Schädelknochen der Fische homolog sind, und kein Chemiker hat die Richtigkeit des periodischen Systems der Elemente bezweifelt, auch bevor noch die kausalgesetzliche Erklärung derselben durch die Atomphysik erbracht war. Eine einfache Häufung der Fälle kann aber — das haben die oben genannten Logiker gezeigt — eine solche Sicherheit, eine auch nur einigermaßen zutreffende Berechtigung des induktiven Verfahrens nicht gewährleisten.

Das trifft schon für die einfach kennzeichnende Funktion des rein induktiven Verfahrens zu und noch deutlicher für die höheren Stufen der durch dasselbe gewonnenen Erkenntnisse, die Regeln und kausalfunktionalen Gesetzlichkeiten. Den rein induktiv ermittelten Begriffen und Aussagen wird nicht nur eine sichere Erkenntnis zugeschrieben, sie kommt ihnen auch fraglos zu. Das beruht aber nur darauf, daß mit dem Verfahren der generalisierenden Induktion bei der Vergleichung weiterer Fälle fortgesetzt neue Analysen und Synthesen verknüpft sind. Mit jeder Prüfung neuer Fälle, die ja nie völlig übereinstimmen, kleinere oder größere Unterschiede aufweisen, finden stets neue Analysen und Synthesen statt. Durch diese fortgesetzte analytische Behandlung immer weiterer Fälle von vielfach wechselnder Verschiedenheit werden die wirklichen Gleichheiten und Verschiedenheiten der Fälle, die wesentlichen, mit den Begriffen und Kennzeichnungen gemeinten Elemente, die den Gegenstand bestimmen, schärfer und zutreffender erkannt und dadurch die induktiv gewonnenen Begriffe, die so ermittelten Aussagen und Kennzeichnungen immer zutreffender gefaßt, die Beziehungen zwischen den Begriffen, welche die Neben-, Unter- und Überordnungen ausdrücken, immer genauer ermittelt.

Auf diese Weise werden die *Wesenszüge* immer besser und schärfer herausgearbeitet und dadurch fortgesetzt neue Elemente der Rechtfertigung des induktiven Schlusses beigebracht. Das fortgesetzt analytisch-synthetische Verfahren bildet dadurch die logische Grundlage, die das induktive Verfahren, das Fortschreiten vom Besonderen zum Allgemeinen sichert und ermöglicht. Dadurch, daß die neuanalysierten Fälle sich nun deduktiv als Folgen von dem hypothetisch angenommenen Allgemeinen ableiten, ihm ohne weiteres subsumieren lassen, vollzieht sich die erkenntnisstiftende Funktion der reinen generalisierenden Induktion. Nicht durch die rein zahlenmäßige Vermehrung der Fälle im Sinne einer statistischen Wahrscheinlichkeit wird bei Häufung der Einzelfälle die „Wahrscheinlichkeit" und Sicherheit des „rein" induktiven Verfahrens erhöht, sondern nur dadurch, daß mit der Vermehrung der Fälle fortgesetzt neue Analysen und Synthesen verbunden sind, wodurch weitere Einblicke in die Konstitution der besonderen Ganzheiten der einzelnen Fälle gewonnen und damit die Wesenszüge mit immer größerer Sicherheit erkannt werden. *Die Subsumption der weiteren Fälle unter allgemeine Begriffe und Aussagen gewinnt dadurch immer mehr den Charakter eines streng deduktiven Verfahrens.*

Dadurch werden schon bei den rein klassifizierenden, ordnungstiftenden Kennzeichnungen des induktiven Verfahrens *zugleich mit der Ordnung Momente von Gesetzlichkeiten mit erfaßt.* Die ermittelte Ordnung ist keine äußerliche, sondern eine den Gegenständen immanente, eine „natürliche". Das „natürliche" System der Tiere und Pflanzen gewinnt durch das geschilderte Verfahren immer mehr einen natürlichen Charakter, die darin sich kundgebende Ordnung und Gesetzlichkeit tritt immer deutlicher zutage. Es ist durchaus nicht so, wie vielfach behauptet wird, daß erst durch die Zugrundelegung des Abstammungsgedankens, der Evolutionstheorie, die Systeme der Zoologie und Botanik „natürliche" Systeme geworden seien. Vielmehr ist es umgekehrt, die in den biologischen Systemen sich kundgebende, den lebenden Gegenständen immanente Ordnung ist zusammen mit den in gleicher Weise ermittelten, auf derselben Ordnung beruhenden Ergebnissen der vergleichenden Anatomie und Entwicklungsgeschichte eine der wichtigsten Grundlagen für die Berechtigung und Begründung der Deszendenztheorie. Nicht erst die neueren biologischen Systeme sind natürliche Systeme, sie sind durch keine andere Methode gewonnen wie die alten, vor Darwin aufgestellten, wie z. B. das als künstliches System bezeichnete von Linné. Auch das System von Linné ist in derselben Weise durch generalisierende Induktion gewonnen, nur waren die Analysen damals noch ungenügend und einseitig (Blüten) durchgeführt, die wirklich wesentlichen Gleichheiten und Verschiedenheiten, die „bestimmenden" Elemente biologischer Gegenstände nicht weit genug ermittelt und damit die Zusammenhänge zwischen verschiedenen Arten, Gattungen, Familien, Ordnungen usw. nicht richtig erkannt. Und wenn auch heute die biologischen Systeme weitgehend als wirklich „natürliche", ihre Ordnungszusammenhänge weitgehend als zutreffend bezeichnet werden können und diese Ordnung wenigstens im Prinzip als die Folge eines geschichtlichen Zusammenhanges verstanden werden kann, so ist doch auch heute noch diese Ordnung nicht endgültig ermittelt, und seine Ermittlung ist, da auch auf diesem Gebiet die Mannigfaltigkeit der Gegenstände unbegrenzt und somit auch der Erkenntnisfortschritt ein unbegrenzter ist, eine unendliche Aufgabe. Aber die Ordnung ist soweit durch die gründlichen Analysen der letzten 100 Jahre gesichert, daß keine wesentlichen Änderungen, sondern nur Ergänzungen und ein weiterer Ausbau der heutigen Systeme zu erwarten sind.

Schon die Schilderung der kennzeichnenden und klassifizierenden Funktion der generalisierenden Induktion ließ erkennen, daß dabei immer schon zugleich, wenn auch meist unbewußt und ungewollt, immanente Ordnungszusammenhängige, irgendwelche gesetzliche Beziehungen zwischen den Bestandteilen der Naturkörper und zwischen verschiedenen Naturkörpern mit erfaßt werden, sowie solche an den Vorgängen, die *an* den Naturkörpern wie *zwischen* verschiedenen Naturkörpern sich abspielen.

So treten durch die einfachen Phänomenanalysen (denn um solche handelt es sich ja bei der kennzeichnenden und klassifizierenden Induktion) Probleme funktionaler Art auf, die nun weiterhin durch Induktion bearbeitet und behandelt werden. Diese Rolle der generalisierenden Induktion läßt sich in besonders einfacher und deutlicher Weise an der vergleichenden Betrachtung und Beschreibung (Kennzeichnung) von physiologischen Verrichtungen, den „Funktionen" der Organismen und ihrer Organe, erläutern. Dabei tritt schon durch das Wort „Funktion" der kausalfunktionale Beziehungscharakter der analysierten oder zu analysierenden Teile ohne weiteres zutage.

So werden unter Leitung heuristisch-teleologischer Gesichtspunkte Lungen und Kiemen als Atmungsorgane, Magen und Darm als Ernährungsorgane, Augen und Ohren als Sinnes- und Orientierungsorgane, Gliedmaßen als Bewegungsorgane für den ganzheitlichen Organismus rein durch vergleichende Beobachtungen, noch vor Ausführung irgend eines Experiments, gekennzeichnet und erkannt. Diese Organe müssen funktionieren, um dem Tier sein Leben, seine Erhaltung zu ermöglichen; ihre „Tätigkeit", die sich an ihnen vollziehenden Vorgänge, sind der Grund, die Ursache der ganzheitlichen Erhaltung der tierischen Systeme.

Auch die Art des Funktionierens der Organe selbst wird auf die gleiche Weise durch generalisierte Induktion, durch Analyse der sich dabei abspielenden Vorgänge ermittelt und hypothetisch in der darauffolgenden Synthese formuliert. So wird durch vergleichende analysierende Beobachtung festgestellt, daß bei der Nahrungsaufnahme und Verdauung hochwertige organische Stoffe (entweder andere Organismen oder Teile von solchen) in Form von Eiweiß, Kohlehydraten und Fetten im Magen und Darm zerlegt und aufgenommen werden, während niedermolekulare Reste als Abfallstoffe mit den Exkrementen abgehen.

Aber auf diesem Gebiet findet die generalisierende Induktion in der Regel bald eine Grenze, da die reine Beobachtung meist nicht ausreicht, die sich abspielenden Teilvorgänge während der Funktion eines Organs zu ermitteln. Um die Analyse hier durchführen zu können, müssen Experimente physikalischer oder chemischer Art zu Hilfe genommen werden. Diese Experimente führen aber nicht wie in dem später als Beispiel geschilderten Falle von Galileis Entdeckung der Fallgesetze direkt zur Aufdeckung und Begründung wirklicher allgemeiner, notwendiger Gesetze, haben nicht die methodische Rolle, wie die exakte Induktion in jenem Beispiel, sondern spielen hier gewissermaßen nur eine mehr untergeordnete Rolle als technische Mittel und Verfahrensweisen, um die durch einfache Beobachtung nicht mögliche Analyse der Teilvorgänge bei der Funktion eines Organs durchführen zu können. Diese werden dann erst nachträglich synthetisch durch generalisierende Induktion zur hypothetischen Formulierung der Funktion des betreffenden Organs verwendet. Es handelt sich also um ein kombiniertes Mischverfahren von generalisierender und exakter Induktion, wie es auch bei der Formulierung und Ermittlung der chemischen Klassifikationen angewandt wird. Dabei sind die Experimente Voraussetzungen für die Durchführung der generalisierenden Induktion, sind dieser untergeordnet, während im anderen Fall (Galileis Experiment s. S. 67) die synthetisch-generalisierende Induktion Voraussetzung für die Ableitung und Durchführung des Experiments ist und ein einziges Experiment das Gesetz für alle Fälle zu beweisen vermag. Da aber infolge der stärkeren Beteiligung deduktiver Schlußfolgerungen auch rein analytische Experimente bereits Ergebnisse von größerer Sicherheit erzielen als die allein durch Beobachtungen durchgeführten Analysen, so gewinnt auch das ganze induktiv-generalisierende Verfahren bei dieser Kombination einen größeren Grad von Sicherheit. Die kausalfunktionalen Teilzusammenhänge und Teilgesetzlichkeiten werden bei einem solchen kombinierten Verfahren in der Regel sicherer und mit einem größeren Grad von Richtigkeit formulierbar, können besser gekennzeichnet, richtiger dargestellt werden. Denn die Analysen sind durch diese experimentelle Phänomenanalyse meist erheblich gründlicher durchführbar und die wesentlichen Elemente sicherer zu ermitteln, als es ohne Verwendung experimenteller Analysen möglich ist. Immerhin werden allgemeine Gesetze von Notwendigkeitscharakter auf dieser Stufe der Erkenntnis noch nicht ermittelt.

Die generalisierende Induktion vermag jedoch eine noch höhere Stufe der Erkenntnis zu vermitteln, als die eben geschilderte Kennzeichnung und Formulierung von mehr oder minder untergeordneten kausalen Teilzusammenhängen und Teilgesetzlichkeiten; sie vermag allgemeine umfassende Gesetzlichkeiten aufzustellen, wenn auch nur solche von hypothetischem Charakter. Das ist sogar bei ihrer reinen Anwendung ohne das kombinierte Mischverfahren mit Hilfe experimenteller Methoden möglich. So sind die beiden umfassenden allgemeinen biologischen Theorien des vorigen Jahrhunderts, die Zelltheorie und die Deszendenztheorie, mit rein generalisierender Induktion gewonnen und weitgehend begründet und sichergestellt worden.

Wie die Aufstellung und Begründung einer allgemeineren Theorie mittels rein generalisierender Induktion möglich ist, sei an dem Beispiel der in neuester Zeit auch durch exakte Induktion bewiesenen und in der heutigen Biologie eine so große Bedeutung einnehmenden *Chromosomentheorie der Vererbung* dargestellt. Die Begründer der Zelltheorie hatten festgestellt, daß alle Organismen entweder den Formwert einer einzigen Zelle besitzen oder aus vielen, unter Umständen Tausenden von Einzelzellen aufgebaut sind, deren jede einen Zelleib und einen Zellkern besitzt. B o v e r i hat nun in den achtziger Jahren des vorigen Jahrhunderts durch sehr genaue vergleichende Beobachtungen ermittelt, daß jede Tier- und Pflanzenspezies in ihren Zellkernen normalerweise eine bestimmte Zahl von Chromosomen aufweist, die gewöhnlich nur bei der Kernteilung zu beobachten sind. Auf diese Beobachtungen hat er das sogenannte *Gesetz der Zahlenkonstanz der Chromosomen* aufgestellt. Aus Beobachtungen über das Aussehen und Verhalten der Chromosomen in den verschiedenen Stadien der Kernteilung, besonders den Früh- und Spätstadien, schloß er dann weiterhin, daß auch während der sogenannten Ruheperiode der Kerne, in der sie in der Regel nicht zu sehen sind, sie ihre Sonderexistenz als individualisierte Gebilde bewahren, und baute diese Auffassung durch weitere Beobachtungen und Analysen zu einer wohlbegründeten *Individualitätstheorie der Chromosomen* aus, die trotz vieler Einwände als gut begründet gelten konnte. Weitere vergleichende Untersuchungen über das Verhalten der Chromosomen bei der Befruchtung und der ihr meist vorausgehenden Reife- oder Reduktionsteilungen von O. Hertwig, Boveri u. a. haben dann die Möglichkeit geboten, dieses Verhalten der Chromosomen kausal mit den Vererbungserscheinungen in Verbindung zu bringen, sie als die vermutlichen Träger von Erbanlagen anzusehen. Denn diese Chromosomenstrukturen und ihr Verhalten bei der Zellteilung und Befruchtung entsprechen ganz den Forderungen, die man deduktiv an eine Vererbungssubstanz stellen müßte.

An dieser Folge immer umfassenderer Hypothesen wird der Charakter des Verfahrens der generalisierenden Induktion deutlich sichtbar. Daß überhaupt etwas Allgemeines, eine allgemeine Gesetzlichkeit den Erscheinungen zugrunde liegen muß, wird von vornherein apriorisch angenommen und somit eine Gesetzlichkeit gedanklich hypothetisch konstruiert, unter die sich alle bisher beobachteten Erscheinungen subsumieren und von der sich weitere Folgerungen deduktiv ableiten lassen, die wieder durch zu beobachtende Erscheinungen geprüft werden können. Je mehr solcher Folgerungen an verschiedenartigen Fällen analytisch-synthetisch geprüft werden und sich als zutreffend erweisen, desto sicherer gewinnt das hypothetisch formulierte Gesetz an Richtigkeit.

Um die Jahrhundertwende wurden nun durch die experimentelle Vererbungsforschung, also durch exakte Induktion, die Mendelschen Vererbungsgesetze ermittelt, die allerdings zunächst nur statistische Gesetze darstellten. Boveri und Sutton haben dann 1903 unabhängig voneinander auf dem Wege rein vergleichender Methode gezeigt, daß diese Vererbungsgesetze mit ihren statistischen Ergebnissen *kausal erklärt werden können* durch das Verhalten der Chromosomen bei der Befruchtung und Reduktionsteilung. Das konnte bis in alle Einzelheiten durchgeführt werden und Boveri hat sogar Besonderheiten möglicher abweichender Erbvorgänge auf besondere Verhältnisse der Chromosomen und ihres eventuellen Verhaltens bei der Reduktionsteilung diskutiert und die Möglichkeit ihrer Übereinstimmung und kausalen Abhängigkeit konstruiert und erwogen, die erst viel später tatsächlich gefunden wurden und sich als richtig erwiesen. Diese Aufstellung einer völlig ausgearbeiteten Chromosomentheorie der Vererbung brachte die Ergebnisse der Zellenlehre und der experimentellen Vererbungslehre, Ergebnisse, zweier unabhängig zustande gekommener, bis dahin völlig getrennter Disziplinen, zunächst nur gedanklich, synthetisch in kausalen Zusammenhang und trug daher zunächst rein hypothetischen Charakter. Die Beweise für die Richtigkeit, für das wirkliche Zutreffen der Hypothese konnten nur dadurch erbracht werden, daß von der einmal angenommenen hypothetischen Gesetzlichkeit der Theorie aus deduktiv die verschiedenen möglichen Folgerungen entwickelt, neue Möglichkeiten gedanklich analytisch-synthetisch konstruiert wurden und nun durch Beobachtungen geprüft wurde, ob den Folgerungen die an den Naturobjekten zu beobachtenden Erscheinungen entsprachen. Es handelt sich also um rein generalisierende Induktion. Bei dem stark hypothetischen Charakter der Chrosomentheorie war es verständlich, daß sie zunächst noch teilweise scharf abgelehnt und bekämpft wurde, bis es später gelang, sie durch Experimente sicher zu beweisen.

b. Die exakte Induktion

Während die durch rein generalisierende Induktion der Vergleichung vieler Fälle ermittelten Gesetzlichkeiten trotzdem immer mit einem größeren oder kleineren Unsicherheitsfaktor belastet sind, ermöglicht die exakte Induktion, die kausalanalytische experimentelle Methode, die Galilei zugleich mit der Entdeckung des Fallgesetzes aufgefunden hatte, durch die *Analyse eines einzigen Falles* eine erheblich zwingendere Beweisführung. Zwar müssen auch hier vergleichende Betrachtungen und rein induktive Verfahrensweisen vorausgehen, indem zunächst auch hier besondere ganzheitliche Vorgänge und Beziehungen durch Analyse in Teile zerlegt werden und dann synthetisch die Gesetzmäßigkeit des Systemgefüges daraus aufzubauen und zu formulieren versucht wird, also genau wie auf der höchsten Stufe der generalisierenden Induktion. Aber nun wird ein neuer einmaliger Schritt von weittragender Folge vollzogen. Von dem hypothetisch angenommenen Kausalzusammenhang wird streng logisch deduktiv, vom Allgemeinen zum Besonderen schreitend, ein neuer spezieller Fall abgeleitet, durch Analyse der allgemeinen Gesetzlichkeit und durch gleichzeitige neue Synthese einzelner wesentlicher Teile ein besonderer neuer Fall gedanklich (streng logisch) konstruiert. Dieser streng logisch deduktiv abgeleitete und konstruierte Einzelfall muß dann unter beschränkten, vereinfachten, genau kontrollierbaren Bedingungen experimentell künstlich herbeigeführt werden. Erfüllt dieser streng deduktiv erschlossene analytisch-synthetisch konstruierte Einfelfall im Experiment die gefolgerten Voraussagen, so wird dadurch das zunächst hypothetisch angenommene Allgemeine als allgemeines Gesetz bewiesen und sein Prinzip *durch die Analyse eines einzigen Falles die gesetzliche Konstitution aller besonderen Fälle und Zusammenhänge der gleichen Art erbracht.* „Die Ermittlung dieses Gesetzes in dem *einen Falle* bringt also das Verständnis *aller Fälle* derselben Art mit sich, und die Verallgemeinerung ist hier die Folge der Erkenntnis, nicht umgekehrt die Erkenntnis die Folge der Verallgemeinerung" (Al. Riehl 1911).

Das Verfahren der exakten Induktion, der experimentellen kausalanalytischen Methode sei an dem klassischen Beispiel der Entdeckung des Fallgesetzes von Galilei näher erläutert. Aus Anlaß der Beobachtung, daß fallende Körper eine Geschwindigkeitszunahme, eine Beschleunigung erfahren, brachte Galilei im Gegensatz zu den Auffassungen der Scholastik nach langen Überlegungen dazu, die Fallgeschwindigkeit durch die hypothetische Annahme einer gleichförmig beschleunigten Bewegung zu erklären, also eine Geschwindigkeitszunahme im Vergleich zur Zeit anzunehmen. Durch analytische Überlegungen über die Fallbewegung vollzog er also in der darauffolgenden Synthese den induktiven hypothetischen Schluß einer allgemeinen Gesetzlichkeit. Von der zunächst hypothetisch angenommenen Gesetzmäßigkeit leitete er deduktiv, streng logisch durch analytisch-synthetische Konstruktion den Versuch auf der schiefen Ebene ab. Die Durchführung dieses Experimentes ergab dann, daß tatsächlich die aus dem hypothetisch angenommenen Gesetz abgeleiteten Folgerungen zutrafen. Aus der Theorie werden neue Erscheinungen abgeleitet (analytisch-synthetische Konstruktion) die tatsächlich eingetretenen Erscheinungen bewahrheiten die Theorie. In diesem Wechselverhältnis von Erfahrung und Denken, dem Zusammenwirken, ja der Einheit von Analyse, Synthese, Induktion und Deduktion besteht das Wesen der experimentellen Methode. Das Experiment Galilei's ist durch die Klarheit der Methode und durch seine Einfachheit ein klassisches Beispiel der experimentellen Methode, der exakten Induktion.

Durch analytisch-synthetische Betrachtungen werden Erscheinungen der Natur geprüft und nach langen Überlegungen hypothetisch-induktiv eine Theorie aufgestellt, also genau wie auf der höchsten Stufe der generalisierenden Induktion. Aber nun folgt ein Schritt von höchster Tragweite. Durch die streng logische analytisch-synthetische Konstruktion wird eine neue bisher unbekannte Tatsache vorausgesagt und durch die experimentelle Herstellung dieses Falles die Voraussage bestätigt.

Der vorstehenden Kennzeichnung und Unterscheidung der *„reinen"* und der *„exakten"* Induktion sind nur noch wenige Bemerkungen hinzuzufügen. Sowohl die generalisierende wie die exakte Induktion enthalten als wichtiges deduktives Moment eine Subsumption unter allgemeine Begriffe und Gesetze von zunächst hypothetischem Charakter. Daraus erhellt ohne weiteres die weittragende wissenschaftsbegründende Bedeutung der *Hypothese.* Ohne Hypothese gibt es überhaupt keine Wissenschaft, sondern höchstens ein zusammenhangloses Wissen von Einzeltatsachen. Doch kann natürlich die Wissenschaft nicht bei den allgemeinen hypothetischen Begriffen und Aussagen stehen bleiben. Sie muß sie zu verifizieren suchen. Die in das unerkannte Transobjektive hinausgreifende apriorische Gesetzeserkenntnis muß mit der aposteriorischen zur Deckung gebracht werden. Das geschieht bei der generalisierenden Induktion durch die vergleichende Betrachtung und Analyse weiterer Fälle, bei der exakten Induktion durch planvolle Schaffung *(Erfindung)* eines deduktiv abgeleiteten, analytisch-synthetisch konstruierten neuen Falles und dessen Prüfung durch das planvolle, kontrollierbare Experiment. Letztere vermag damit direkt Gesetzeszusammenhänge aufzudecken und zu beweisen, während erstere nur indirekt solche erschließen kann, sich aber meist mit der Aufstellung von

Regeln begnügen muß. Endziel aller naturwissenschaftlicher Forschung ist aber die Aufdeckung und der Nachweis von Gesetzeszusammenhängen, und somit erweist sich die exakte Induktion als die tiefer schürfende und einen höheren Grad von Erkenntnis vermittelnde Methode. Bei ihr ermöglicht im Prinzip die Prüfung eines einzigen deduktiv abgeleiteten, neu konstruierten Einzelfalles den Beweis für das hypothetisch angenommene Gesetz, während die Vergleichung noch so vieler Fälle bei der generalisierenden Induktion einen solchen Beweis meist nicht sicher zu erbringen vermag.

Als weiteres Beispiel für die Erbringung von Beweisen durch exakte Induktion sei die sichere Begründung der oben bereits beschriebenen Chromosomentheorie der Vererbung gebracht (s. S. 64). Diese Theorie war rein durch generalisierende Induktion entwickelt worden durch Verknüpfung des Verhaltens der Chromosomen bei der Befruchtungs- und Reduktionsteilung mit den Ergebnissen der experimentellen Vererbungslehre, nämlich der Kombination und Aufspaltung der Erbanlagen nahverwandter Tier- und Pflanzenrassen in den Nachkommen nach ihrer Kreuzung. B o v e r i und S u t t o n hatten der Theorie die damals allein vorliegenden Erbversuche an höheren Tieren und Pflanzen zugrundegelegt, die in ihrem ganzen Entwicklungsablauf zwei Chromosomengarnituren aufweisen (diploide Organismen). Es gibt nun in weiter Verbreitung bei Protisten, Tallophyten (Algen und Pilze) sowie Moosen weit einfachere Entwicklungsabläufe, bei denen die ganze oder ein großer Teil der vegetativen Phase der Entwicklung nur eine Chormosomengarnitur besitzt und die Reduktionsteilung direkt nach der Befruchtung (oder bei einer ungeschlechtlichen Fortpflanzung oder Sporenbildung) sich abspielt (haploide Organismen). Aus der Theorie und den bis dahin allein bekannten Mendelschen Vererbungsregeln bei den höheren diploiden Organismen ließ sich nun deduktiv ableiten, daß die Mendel-Spaltung bei diesen haploiden Organismen an ganz anderer Stelle des Entwicklungsablaufes, nämlich direkt bei der Keimung der Zygote (oder bei einer ungeschlechtlichen Sporenbildung) und nicht erst bei der zweiten Tochtergeneration sich abspielen und daß die Aufspaltung bei Monohybridismus im Verhältnis 1 : 1 eintreten müsse, nicht wie bei diploiden Organismen im Verhältnis 1 : 2 : 1 resp. 3 : 1. Würden diese Erwartungen eintreffen, so wäre damit experimentell, also durch exakte Induktion (wie im Falle Galileis) die Chromosomentheorie der Vererbung bewiesen (Hartmann 1910).

Versuche während des 1. Weltkrieges von Burgeff an Pilzen, Pascher an einzelligen Algen und Hartmann an Drohnen von Bienen (die haploid sind) ergaben, daß das tatsächlich eintraf, und F. v. Wettenstein (1923) hat später an günstigeren Objekten, Moosen, in umfassenden Versuchen die haploide Aufspaltung eingehend bestätigt. Vollzieht sich die Reduktionsteilung der Chromosomen direkt bei der Keimung der befruchteten Zygote, so erfolgt hier auch die Aufspaltung in dem vorausgesagten Zahlenverhältnis (Algen, Drohnen der Biene); findet sie später bei einer ungeschlechtlichen Sporenbildung statt (wie bei Moosen), dann tritt erst an dieser Stelle der Entwicklung die Aufspaltung ein. Es ist das ein besonderes durchsichtiges Beispiel des Zusammenwirkens des vierfachen Methodengefüges der exakten Induktion und des endgültigen experimentellen Beweises einer zunächst rein hypothetisch mittels generalisierender Induktion entwickelten Theorie an einem deduktiv abgeleiteten vereinfachten Fall. Auch bei diesem Beispiel erbringt, wie bei dem Beweis des Fallgesetzes durch den Versuch auf der schiefen Ebene, im Prinzip ein einziger von der hypothetisch angenommenen Theorie deduktiv analytisch-synthetisch abgeleiteter und experimentell herbeigeführter Einzelfall den Beweis für die Richtigkeit der Hypothese, sie wird zur Theorie für alle Fälle.

Nicht nur besitzt die exakte Induktion, bei der das Experiment planmäßig von der Theorie aus deduktiv abgeleitet wird, eine stärkere Beweiskraft als die Sicherung derselben durch einfache vergleichende Beobachtung weiterer Fälle durch generalisierende Induktion, ihr kommt noch in anderer Hinsicht eine Überlegenheit gegenüber der rein generalisierenden Induktion zu. Sie ist nicht nur die sicherere, sondern auch die viel fruchtbarere Methode, die immer wieder neue unerwartete Tatsachen und Zusammenhänge aufdeckt. Der ungeheuere Fortschritt, der seit der Einführung dieser Methode durch Galilei sich in der Physik vollzogen hat, läßt das deutlich erkennen. Wie solche neuen unerwarteten Befunde und Einblicke im Verlauf experimenteller Untersuchungen auftreten, sei zunächst an der weiteren Entwicklung unseres obigen Beispieles, der Chromosomentheorie der Vererbung geschildert.

Unabhängig von dem oben mitgeteilten Beweis der Chrosomentheorie durch den Vererbungsversuch an haploiden Organismen hatten in Amerika Morgan und seine Mitarbeiter durch Bastardierungsversuche an der Fruchtfliege *Drosophila melanogaster* auf einem völlig anderen, wesentlich komplizierteren Weg die Chromosomentheorie der Vererbung bewiesen. Diese Versuche brachten zugleich neue unerwartete Aufschlüsse über die Lokalisation und Anordnung der Erbfaktoren in den verschiedenen Chromosomen. Diese Forscher fanden, daß es sehr viel mehr Erbfaktoren gibt als Chromosomenpaare, so daß die im gleichen Chromosom liegenden in der Regel gekoppelt vererbt werden, wie das schon Boveri vorausgesagt hatte. Alle diese vielen Erbfaktoren — es sind für diese Fliege über 400 bekannt — verteilen sich auf vier Koppelungsgruppen, entsprechend den vier Chromosomenpaaren. Diese Koppelung der Erbfaktoren ist aber keine absolute. Die gekoppelten Faktoren spalten bei der Rückkreuzung von Bastardweibchen auf, aber nicht wie bei einem normalen Mendel-Versuch, sondern in einem viel geringeren Prozentsatz, der jedoch für bestimmte Erbfaktoren ein ganz bestimmter ist. Morgan erklärte diesen sogenannten Faktorenaustausch, der zwischen zwei Erbfaktorenpaaren in bestimmtem Zahlenverhältnis auftritt, hypothetisch durch den Austausch von den betreffenden Chromosomenstücken, in denen diese Erbfaktoren liegen sollen. Auch diese Möglichkeit und die Erklärung dafür hatte bereits Boveri erwogen und vorausgesagt.

Die weitere Untersuchung zahlreicher Fälle ergab ganz bestimmte zahlenmäßige Beziehungen des Faktorenaustausches verschiedener Erbfaktorenpaare zueinander. War der Faktorenaustausch zwischen A und B, sowie B und C bekannt, so betrug der Faktorenaustausch zwischen A und C entweder die Summe oder die Differenz des Austausches von A : B und von B : C. Diese merkwürdigen Zahlenverhältnisse erklärte Sturtevant, einer der Mitarbeiter von Morgan, durch eine zunächst äußerst kühn scheinende Hypothese, nach der die verschiedenen Zahlenwerte des Austausches, die Austauschprozente, eine Folge der linearen Anordnung der Erbfaktoren des betreffenden Chromosoms und ihres relativen Abstandes in demselben seien. Ist das Austauschprozent größer, dann liegen die betreffenden Erbfaktoren weiter auseinander (A : C = Summe von A : B und B : C); ist er kleiner, liegen sie entsprechend näher (A : C = Differenz von A : B und B : C). Die kühne Vorstellung hat sich in Tausenden von Versuchen immer wieder bewährt, und von ihr aus konnten bei weiter fortschreitender Analyse die weiteren Ergebnisse stets mit großer Sicherheit vorausgesagt werden. Obwohl diese Theorie des Faktorenaustausches und der linearen Anordnung der Erbfaktoren nur indirekt aus den Experimenten erschlossen werden (also durch rein generalisierende Induktion) und die Experimente nur der Phänomenanalyse dienten, so war ihre Beweiskraft doch durch die Masse der Versuche mit sehr verschiedenen Erbfaktoren und durch die Sicherheit der Voraussagen an sich schon eine sehr große, so daß mit dem Zutreffen der Theorie (Hypothese) mit großer Sicherheit gerechnet werden, die Chromosomentheorie der Vererbung in der erweiterten Fassung als weitgehend bewiesen gelten konnte.

Wir wollen uns zunächst klar machen, wie methodologisch das bisher Mitgeteilte zu beurteilen ist. Durch experimentelle analytische Vererbungsversuche waren neue, unerwartete Vererbungserscheinungen aufgefunden worden, die deutlich zahlenmäßige Gesetzmäßigkeiten erkennen ließen (experimentelle Phänomenanalyse). Sie wurden sofort mit der (hypothetischen) Chromosomentheorie der Vererbung in Verbindung gebracht (generalisierende Induktion), in der schon von Boveri angedeuteten Weise der Theorie eingepaßt und die Theorie zugleich weiter ausgebaut und verfeinert. Somit erwies sich in diesem Falle die Fruchtbarkeit der exakten Induktion schon als Phänomenanalyse. Durch die größere analytische Funktion der experimentellen Analyse wurden neue Tatsachen, neue primäre Klassengesetze aufgedeckt. Diese führten theoretisch zur Erweiterung und Verfeinerung der Theorie.

Nun setzte von dieser erweiterten Theorie aus wieder das planvoll deduktiv abgeleitete Experiment ein, um die erweiterte Theorie (Hypothese) exakt zu beweisen. Stern (1931) baute von der erweiterten Theorie aus (deduktiv) planmäßig Vererbungsversuche auf, bei denen man nachträglich an den Chromosomen den von Morgan hypothetisch angenommenen Chromosomenstückaustausch im Mikroskop sehen und andere, an denen auch die vermutete lineare Anordnung sichtbar werden mußte. Er verwandte dazu sogenannte Chromosomenmutationen, d. h. erbliche Veränderungen, bei denen von bestimmten Chromosomen einzelne Stücke abgetrennt oder verlagert waren. Dadurch wurden die einzelnen Chromosomen und Chromosomenstücke gewissermaßen markiert. Durch bestimmte Kreuzungsversuche, auf die hier nicht näher eingegangen werden kann, konnte er dann sowohl die lineare Anordnung der Erbfaktoren in dem betreffenden „markierten" Chromosom, wie den von Morgan als Ursache des Faktorenaustausches angenommenen Chromosomenstückaustausch sowohl durch das Bastardierungsexperiment als auch zugleich durch cytologische Untersuchung an den betreffenden Chromosomen direkt beweisen. Heute liegen derartige Beweise (deduktiv von der Theorie aus planmäßig abgeleitete Experimente an Sonderfällen) durch Versuche mit Mutanten in großer Zahl vor. Durch sie ist nicht nur die Gültigkeit der Chromosomentheorie der Vererbung an sich völlig sichergestellt, sondern es sind durch dieselbe neue unerwartete Erkenntnisse gewonnen worden, die die Theorie erweitern und verfeinern. Wir kennen heute die Lage und Anordnung von über 400 Erbfaktoren in den vier Chromosomenpaaren von *Drosophilia,* die in genauen Chromosomenkarten in ihrer Reihenfolge und ihrem relativen Abstand eingetragen werden konnten. Die ursprünglich nur hypothetische, gedankliche Verknüpfung von Cytologie und Genetik stellt heute eine einheitliche biologische Disziplin dar, die Cytogenetik.

Es sei in diesem Zusammenhang nun noch geschildert, wie die letzte Entwicklung dieser neuen Disziplin auch von rein vergleichenden cytologischen Beobachtungen aus weitere fruchtbare Anstöße und Förderung erhielt. Heitz und Bauer (1933) haben festgestellt, daß die in den enorm vergrößerten Kernen der Speicheldrüsen gewisser Dipteren vorhandenen merkwürdigen gewundenen Schläuche, die man früher für Ruhekernstrukturen hielt, enorm in die Länge gewachsene, gewissermaßen aufgeblähte Riesenchromosomen darstellen, genauer gesagt konjugierte Chromosomenpaare, wie sie sonst nur in der Reifeteilung zutage treten. Zugleich hatten sie auf die Möglichkeit hingewiesen, daß die an diesen Riesenchromosomen in charakteristischer Weise auftretenden Scheiben Chromomeren entsprechen, an die man sich die Lokalisation der

Erbfaktoren vielfach geknüpft dachte. Der Amerikaner Painter hat Entsprechendes bei *Drosophila* beobachtet und diese Annahme im Zusammenhang mit experimentellen Mutationen, die man von *Drosophila,* hervorgerufen von Bestrahlungen, schon seit einigen Jahren kannte, genauer geprüft. Durch die Bestrahlungen werden bei *Drosophila* experimentell Abweichungen an den normalen Chromosomen (wie Brüche, Ausfall von Stücken, Translokationen und Inversionen, d. h. Umdrehung einzelner Stücke im Chromosom) erzielt, und diese Veränderungen der Chromosomenanordnung, speziell der Ausfall kleiner Stücke und Inversionen, kann man dann durch den Bastardierungsversuch feststellen.

Durch die enorme Vergrößerung der Chromosomen in der Speicheldrüse und den günstigen Umstand der Paarung der homologen Chromosomen war nur ein direkter Vergleich der aus den Vererbungsergebnissen nur erschlossenen bis dahin wegen der Kleinheit der Chromosomen meist unsichtbaren Chromosomenänderungen mit dem Chromosomenbild möglich. Solche Ausfälle und Umstellungen kann man direkt an den Riesenchromosomen beobachten. So treten an den Stellen eines konjugierten Chromosomenpaares, an dem einander nicht entsprechende Erbfaktoren lagen, keine Bindungen ein, und der Ausfall der Paarung zeigt sich an solchen Stellen durch eine Schleifenbildung äußerlich an. Durch Vergleich dieser Bilder von genetisch genau analysierten Formen gelang es Painter, Muller, Bridges, Pâtau u. a., bereits bekannte Erbfaktoren in ihrer Lage genau zu bestimmen, d. h. es ließ sich zeigen, daß ein bestimmter Erbfaktor in einer bestimmten Scheibe lokalisiert sein muß. So sind hier durch die Kombination von generalisierender mit exakter Induktion, vergleichender und experimenteller Methode wiederum ganz unerwartete Ergebnisse erzielt worden, welche die allgemeine Theorie weiter vervollständigen und vertiefen und immer weitere Perspektiven eröffnen.

Es sei besonders betont, daß auch vertiefte Beobachtung im Verein mit der Theorie zur tieferen Analyse von Phänomenen und zur weiteren Ausgestaltung von Theorien beizutragen vermag, so daß auch die reine Beobachtung nie unterschätzt werden darf. Wirklich fruchtbar aber werden beide, Phänomenanalyse durch rein vergleichende Beobachtung und Phänomenanalyse durch Experimente, nur in Verbindung mit theoretischem konstruktivem Denken, durch rein vergleichend induktives Verfahren. Wirkliche Sicherung und strengen Beweis erlangt dagegen die Theorie wieder nur durch experimentelle Prüfung neuer, deduktiv von ihr abgeleiteter und konstruktiver Sonderfälle. In diesem vielseitigen Zusammenspiel von Theorie und Erfahrung, von apriorischer und aposteriorischer Erkenntnis schießt immer ein Glied über die tatsächliche Erkenntnis, bei der apriorischer und aposteriorischer Einschlag sich decken, hinaus und zieht entsprechend das andere nach. Dadurch kommt das Problembewußtsein und folglich auch der Erkenntnisprozeß nie zur Ruhe

IV. Naturphilosophische Gegenwartsprobleme der Biologie

A. Wissenschaftstheoretische Analyse des Unterschiedes des Organischen und Anorganischen

Eine kurze allgemeine Definition des Organischen, richtiger ausgedrückt des Organismischen, gegenüber den anorganischen, nicht lebenden Gefügen war bis vor einigen Jahren kaum möglich. Zwar konnte man, wie das im II. Abschnitt ausgeführt wurde, die Zellen als die Grundelemente aller lebenden Gefüge auffassen, entsprechend etwa den Atomen in der Chemie als den Grundelementen der Moleküle. Aber man mußte, um diese Gebilde gegenüber nichtlebenden Gefügen wie Molekülen, Kristallen usw. zu charakterisieren, eine ganze Anzahl von Prozessen zur Charakterisierung hinzufügen, die sich fortgesetzt mit unbedingter Notwendigkeit an diesen lebenden Gefügen abspielen und abspielen müssen, wenn von lebenden Systemen gesprochen werden kann (s. Abschn. II, S. 10—31).

Dem Physiker E. Schrödinger gebührt das Verdienst, zuerst darauf hingewiesen zu haben, daß die Lebewesen ein geordnetes und gesetzmäßiges Verhalten zeigen, das zum Teil auf einer bestimmten bestehenden Ordnung eines bestimmten Zellteiles beruht, die dauernd aufrechterhalten bleibt. Da das im Gegensatz zum Entropiesatz (dem 2. Hauptsatz der Thermodynamik) zu stehen scheint, nach dem mit der Veränderung anorganischer, nicht lebender Systeme immer ein Übergang von größerer zu geringerer Ordnung verbunden ist, sprach Schrödinger beim Leben von negativer Entropie. Mit dem Entropiesatz haben aber die von Schrödinger im Prinzip richtig gesehenen Verhältnisse nichts zu tun. Dieser bleibt auch im organismischen Geschehen voll wirksam. Die ganze Zufuhr freier potentieller Energie, die von den Organismen zur Aufrechterhaltung und Steigerung der Ordnung gebraucht wird, stammt von der Sonne durch die Photosynthese der Kohlensäure (CO_2) der grünen Pflanzen (s. S. 12).

Das Wesentliche hat Schrödinger jedoch völlig zutreffend zum Ausdruck gebracht, wenn er schreibt: „Die erstaunliche Gabe eines Organismus, einen ‚Strom von Ordnung‘ auf sich zu ziehen und damit dem Zerfall in atomares Chaos auszuweichen, aus einer geeigneten Umwelt ‚Ordnung zu trinken‘ scheint mit der Anwesenheit der ‚aperiodischen festen Körper‘, der Chromosomenmoleküle, zusammenzuhängen, die zweifellos den höchsten, uns bekannten Ordnungsgrad von Atomverbindungen zeigen ... “ „Wir nehmen also wahr, daß eine waltende Ordnung die Kraft besitzt, sich selbst zu erhalten und geordnete Vorgänge hervorzurufen“. Die so bedeutsame Fähigkeit der Lebewesen, Ordnung aus Ordnung, ja sogar höhere Ordnung aus niederer Ordnung zu schaffen, liegt also nach Schrödinger an den Genen.

Zwei besondere Eigenschaften sind es, die den Genen die eben gekennzeichnete Fähigkeit ermöglichen. Das erste ist ihre außerordentliche Stabilität und kontinuierliche Dauerhaftigkeit. Sie ist zwar nach Schrödinger aus quantenphysikalischen Erwägungen verständlich. Doch ist es verwunderlich, daß sie in diesem Ausmaß sonst nur noch bei den Atomen zu finden ist und das ganze Zwischengebiet von den einfachsten anorganischen Molekülen bis zu hochkomplizierten organischen Eiweißstoffen eine wesentlich geringere Stabilität und Dauerhaftigkeit aufweist. Sie kommt nur den Atomen und kompliziertesten Stoffen, den Makromolekülen der aus Nucleoproteiden bestehenden Gene zu.

Die zweite Eigenschaft ist die Fähigkeit der Nucleoproteide, sich autonom zu reproduzieren. Hier treffen wir auf den wesentlichsten Unterschied, durch den sich die das Lebensgeschehen steuernden Riesenmoleküle der Gene nicht nur von allen anderen Molekülen (anorganischen wie organischen) sondern schlechthin von allen nicht lebenden Gefügen unterscheiden. Alle derartigen Gefüge können wenigstens im Prinzip in ihre Teile (Elemente) zerlegt und bei gegebenen Bedingungen und Zufuhr der nötigen Energie wieder aus diesen aufgebaut werden. Das gilt nicht nur von allen Molekülen, anorganischen und organischen, inklusive vieler Eiweißsubstanzen, sondern auch für Atome.

Bei den aus Thymonucleoproteiden bestehenden Genen ist dies aber nicht der Fall. Hier muß stets ein hochstrukturiertes Gebilde derselben Art bereits vorhanden sein, damit sich ein zweites bilden kann. Daher kommt es, daß ein Gen nur in Anlagerung an ein bereits vorhandenes derselben Art entstehen kann, daher die autonome Vermehrung der Gene und der aus Genketten bestehenden Chromosomen durch Zweiteilung, daher die

Zweiteilung der ganzen Chromosomensätze und Kerne und die darauf beruhenden Vererbungserscheinungen, daher bei der Veränderung eines Teil-Systems eines Gens das Auftreten von Mutanten und ihre Vererbung usw.

Dasselbe was eben für die Gene, die aus ihnen ausgebauten Chromosomen und Zellkerne ausgeführt wurde, gilt auch für die *Viren*. Auch sie sind hochmolekulare Gefüge von Nucleoproteidcharakter und besitzen ungefähr die gleiche Größe wie die Gene. Auch ihnen kommt die Selbstreproduzierbarkeit sowie Mutabilität und Vererbung zu. Daß sie die kleineren Molekülgruppen und die Energie zur Angliederung und Angleichung an ihre Gesamtstruktur beim Aufbau dabei der Wirtszelle entnehmen, ist von nebensächlicher Bedeutung. Ihre anderen Eigentümlichkeiten genügen, um sie als niederste Ausprägung, als einfachste Modelle lebenden Geschehens zu betrachten. Die Angliederung und Angleichung der Aufbauteile und ihre dadurch ermöglichte autonome Reproduzierbarkeit muß irgendwie mit ihrer hochkomplexen Struktur und ihrem Nucleidcharakter zusammenhängen.

An diesen Riesenstrukturen der Nucleoproteide, den Genen, Viren usw. liegt das große Rätsel des Lebens. In ihrer Stabilität, vor allem aber in ihrer Fähigkeit, niedere molekulare Bauteile sich anzugliedern (zu assimilieren) und sich autonom zu vermehren, manifestieren sich in sichtbarer Weise die wesentlichsten Merkmale vitalen Geschehens.

Die neuen Befunde an Viren besonders über das Eindringen der Bakteriophagen (Viren der Bakterien) in die Bakterienzelle und ihr weiteres Verhalten haben ergeben, daß nicht das ganze Riesenmolekül des Virus, sondern nur die Nucleinsäurekomponente für die Kontinuität des Gefüges in Frage kommt (W e i d e l). Von den Bakteriophagen wird nur diese durch ein von dem Proteinteil des Virus verursachten Loch in der Bakterienmembran eingespritzt und die Proteinhülle bleibt außen und geht zugrunde. Während einer Latenzzeit, während der zunächst

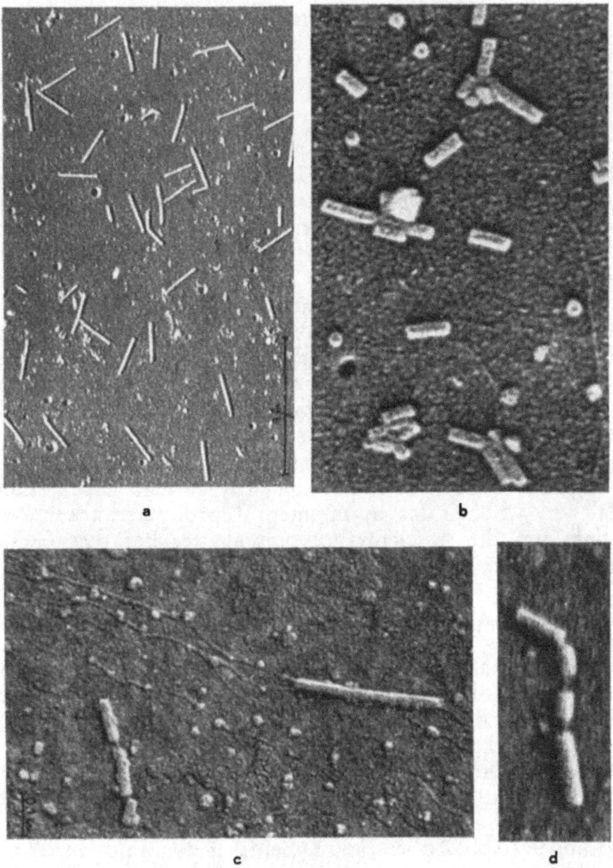

Abb. 1. Tabakmosaik-Virus, elektronenmikroskopische Aufnahmen. a. normales Virus; b. Virus in Teilstücke verschiedener Größe zerlegt, die kleinsten scheibenförmig mit zentralem Loch; c. freie axiale Zentralfäden aus Ribosenucleinsäure; d. die Proteinhülle um den Nucleinsäurefaden teilweise abgelöst. Nach Schramm

kein Virus in der Zelle nachweisbar ist, wird von der Nucleinsäurekomponente aus dem Stoffwechsel der Wirtszelle ein neuer Proteinanteil aus dem Wirtszellenplasma angelagert resp. eingegliedert, und dann beginnt die autonome Reproduktion.

Das lange Tabakmosaikvirus kann man in viele kleine Teilstücke (2400), offenbar Unterheiten identischen Baues, zerlegen und wieder zusammenfügen, wobei aber seine Infektionsfähigkeit und Aktivität verloren geht (S c h r a m m). Nach neuesten Versuchen von S c h r a m m liegt das daran, daß bei der Zerlegung die Nucleinsäurekomponente, die als zentraler Faden die Proteinhülle durchzieht, zerstört wird. Denn mit anderen Methoden bleibt der Nucleinfaden erhalten, während größere oder kleinere Gruppen des umgebenden Proteins von ihm abgelöst werden können, wobei seine Infektionsfähigkeit und Reproduzierbarkeit nicht verloren geht (Abb. 1).

Wie die eben berichteten Ergebnisse an Bakteriophagen und dem Tabakmosaikvirus gezeigt haben, handelt es sich bei der autonomen Reproduzierbarkeit vor allem um die Nucleinsäurekomponente. Bei den Genen besteht diese aus Desoxyribose-Nucleinsäure (DNS). An ihrer Konstitution hängt in erster Linie das Rätsel des Lebens, die autonome Reproduzierbarkeit und ihr Steuermechanismus bei den Lebensfunktionen. F r i e d r i c h - F r e k s a hat schon vor Jahren eine Matrizenhypothese entwickelt, die die Reproduzierbarkeit zu erklären vermag, und neue Röntgenuntersuchungen von W a t s o n und C r i c k über die Struktur der DNS-Nucleinsäuren sprechen sehr für deren Zutreffen. Danach handelt es sich bei den DNS-Nucleinsäuren um lange Fadenmoleküle, wobei sich zwei DNS-Fäden schraubig umeinanderschlingen (Abb. 2 oben links). Beide Fäden sind durch abwechselnd längere und kürzere Brücken (Seitenketten aus Pyrimidin- und Purinbasen der DNS) verbunden, die genau zueinander passen (Abb. 2 Mitte). Nach Trennung der beiden Fäden enthält jeder das Muster (die Matrize) für die Weiterbildung eines identischen Fadens, in dem sich kleine Bruchstücke entsprechend ihren kürzeren und längeren Seitenketten dem Muster einfügen, angliedern.

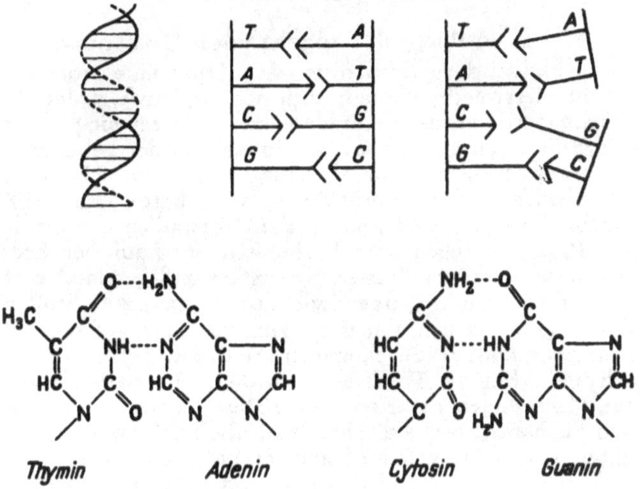

Abb. 2. Modell der Desoxyribosenucleinsäure von Watson und Crick nach Friedrich-Freksa

Auf der hochkomplexen Struktur der Nucleoproteide beruht auch der früher erörterte Unterschied zwischen den biologischen und anorganischen Prozessen, nämlich die Eigentümlichkeit, daß bei ihnen Ordnung aus Ordnung zustandekommt, oder noch besser ausgedrückt: aus geringerer Ordnung höhere Ordnung entsteht. Das gilt für die Entstehung und die Ausbildung der Einzelligen, in komplizierterer, höherer Form für die Vielzeller in ihrer Entwicklung vom einzelligen Ei zum fertigen, vielzelligen, hochorganisierten Organismen und schließlich für die Umwandlung von Arten und der Stammesentwicklung von einfacher organisierten Urformen zu den hochorganisierten Spätformen auf Grund ihrer Mutabilität und Vererbung in Verbindung mit anderen Evolutionsfaktoren, besonders der Auslese.

B. Das Problem der sogenannten Urzeugung

Im biologischen Schrifttum der Jahrzehnte vor der Jahrhundertwende, vielfach auch noch im Anfang des 20. Jahrhunderts wurde die Frage nach der Urzeugung, meist in der Form als Frage nach der Entstehung der Lebewesen aus anorganischem Material, häufig behandelt. Nachdem sich die Deszendenztheorie durchgesetzt hatte, ergab sich daraus die logische Folgerung, daß Vorstadien der heutigen Protisten, sogenannte Probionten, im Lauf der Erdgeschichte, nachdem Wasser, Sauerstoff und Festland entstanden sein mußten, irgendwie aus anorganischen Stoffen sich gebildet hätten. Ihnen sei zunächst Stoffwechsel und Autoreproduktion zugekommen, und aus ihnen hätten sich weiterhin die Protisten entwickelt. Ja, man glaubte aus Meerestiefen derartige nichtzellige Vorstadien gefunden zu haben, was sich aber bald als irrig erwies. Diese unter sich sehr verschiedenen Hypothesen waren rein spekulativ und erscheinen bei näherem Zusehen als reine Phantasien. Erst recht galt das von solchen Hypothesen, die den ganzen Kosmos als urprünglich lebendig betrachteten, aus dem sich im Laufe der Erdgeschichte Anorganisches und Lebendes entwickelt habe. Durch den Versuch, die Schwierigkeiten dadurch zu umgehen, daß man annahm, lebende Keime seien von anderen Himmelskörpern durch Meteore auf die Erde gekommen, wurde das Problem nur auf andere Welten verschoben.

Angesichts dieser für eine reale Forschung hoffnungslosen Lage, war im Laufe des 20. Jahrhunderts, nachdem durch die experimentelle Biologie größere Anforderungen auch an die Hypothesenbildung gestellt wurden, die Erörterung des Problems der Urzeugung aus dem biologischen Schrifttum der letzten Jahrzehnte so gut wie verschwunden. Zwei neuere Befunde ermöglichten es aber jetzt, die Frage erneut zu diskutieren, ohne den realen Boden unter den Füßen ganz zu verlieren: Erstens die neuen Kenntnisse über die Viren und zweitens der Nachweis des amerikanischen Chemikers Stanley Miller (1953) über die Bildung von Aminosäuren aus rein anorganischen Gasgemischen.

Infolge der neuen Befunde und Auffassungen der Viren als niedrigste aus einem Riesenmolekül bestehende Lebewesen resp. Modelle von solchen, könnte man annehmen, daß sie als die einfachsten Probionten anzusprechen seien und damit das Bindeglied zwischen echten lebenden Protistenzellen und anorganischen Gefügen gefunden sei. Aber dieser Auffassung steht die Tatsache entgegen, daß Viren nicht selbständig lebensfähig sind. Sie sind ja, um selbst „leben“ zu können (das heißt aber bei ihnen, daß sie niedere Moleküle ihrer Struktur eingliedern, „assimilieren“, und sich autonom reproduzieren können), nicht nur auf das organische Material lebender Zellen, sondern auch auf deren Stoffwechsel und ihre Energielieferung angewiesen. Sie können daher in der heute bekannten Form nicht ursprüngliche Probionten sein, wenn sie auch aus einem einzigen Riesenmolekül bestehen. Man nimmt daher mit Friedrich-Freksa und anderen meist an, daß es sich bei den heute bekannten Viren, um rückgebildete Formen lebender „Urformen“ handelt, die infolge ihres Zellparasitismus gewissermaßen ihren „Plasma“-anteil verloren haben, nachdem es ihnen möglich wurde, das Plasma und die Energie der Wirtszelle auszunutzen. Immerhin kann man, wie oben gezeigt (s. oben), die Viren nicht mehr als nichtlebende Gebilde resp. irregeleitete Stoffwechselprodukte ihrer Wirtszelle betrachten, wie das früher meist geschah, sondern muß sie doch als einfachste Gebilde lebender Systeme, als Modelle lebenden Geschehens ansprechen. Die Kluft zwischen Lebewesen und Nichtlebenden liegt nicht zwischen Lebewesen (Zellen) und Viren, sondern vor den Viren. Die

Viren weisen gegenüber allen nichtlebenden Gefügen schon eine Überformung und Überbauung auf. Durch die neuen Befunde über die Viren ist also das Problem der Urzeugung nur eine Strecke nach unten verschoben und nicht im geringsten lösbarer geworden oder gar gelöst. Der oben bereits genannte neue Befund von Miller eröffnet aber eine Möglichkeit, das Urzeugungsproblem weiterhin ernsthaft zu diskutieren. Wenn auch er ebenso wie die Befunde an Viren es z. Z. nicht lösbar macht, so können doch durch ihn eine Reihe bisheriger großer Schwierigkeiten verringert werden.

Unter den heutigen Verhältnissen ist eine Entstehung organischer Stoffe aus anorganischen ohne Lebewesen nicht möglich, weil sie bei Gegenwart von Sauerstoff in Wasser, Kohlensäure und Ammoniak zerfallen. Man nimmt daher mit ziemlicher Sicherheit an, daß die „Uratmosphäre" unserer Erde aus einfachen Kohlenwasserstoffen, Ammoniak, Wasser und Wasserstoff bestand und daß Sauerstoff fehlte. Auf Grund dieser Zusammensetzung der Uratmosphäre hat Miller in einer geschlossenen Glasapparatur Methan (Grubengas), Ammoniak, Wasserstoff und Wasserdampf (gewissermaßen eine künstliche Uratmosphäre) kreisen lassen und 8 Tage lang durch fortgesetzte elektrische Entladungen Energie zugeführt. Danach konnte er unter allen Vorsichtsmaßnahmen feststellen, daß sich wägbare Mengen von Aminosäuren (die organischen Grundstoffe der Eiweißkörper), besonders Glykokoll und Alanin, gebildet hatten. Damit ist gezeigt, daß unter Bedingungen der Uratmosphäre organische Stoffe, und zwar gerade solche, aus denen Eiweißsubstanzen aufgebaut werden, entstehen können. Von hier bis zur Bildung von Nucleoproteiden, auf die, wie wir gesehen haben, es beim Lebensgeschehen in erster Linie ankommt, ist allerdings noch ein himmelweiter Weg. Denn damit ein Probiont, bestehend aus der wichtigen Nucleinsäurekomponente, aus Eiweiß, aus assimilierbaren Eiweißbestandteilen und aus Betriebsmaterial sich bilden kann, müssen alle diese Komponenten gleichzeitig vorhanden sein, damit die soeben gebildete Nucleinsäurekomponente ihre wunderbare Fähigkeit der Angliederung von Eiweißkomponenten an ihre Struktur und ihre autonome Reproduzierbarkeit entfalten konnte. Wenn derartige Vorstellungen zunächst heute noch als kühne Hypothesen betrachtet werden müssen, so handelt es sich doch nicht mehr um bloße Hirngespinste, wie bei den Hypothesen der Jahrhundertwende.

Eine besondere Schwierigkeit einer eben skizzierten Urzeugungshypothese fällt noch weg. Man nahm bisher meist an, daß die ursprünglichsten heute lebenden Protisten solche mit pflanzlichen Stoffwechsel seien, also Zellen, die mittels ihres Chlorophylls (oder anderer Farbstoffe) die Energie der Sonne für den Aufbaustoffwechsel verwenden. Zu den Nucleoproteiden, den Eiweißstoffen und den oxydierbaren Betriebsstoffen mußte also noch Chlorophyll gleichzeitig entstanden sein, das wieder seinerseits an besondere Strukturen gebunden ist. Diese weiteren lichtassimilierenden Stoffe und Strukturen könnten entbehrt werden, wenn die einfachsten Probionten ihre Energie auf chemische Weise, also nicht durch Photosynthese sondern durch Chemosynthese gewonnen hätten. Das ist ohne weiteres denkbar. Gibt es doch Bakterien, bei denen z. B. Methan das Betriebsmaterial für den Stoffwechsel darstellt.

C. Ordnung, Kausalität und Finalität in der Biologie

1. Ordnung in der Biologie

In großen Gebieten der Biologie spielt die Kausalforschung zunächst überhaupt keine Rolle. Das ist vor allem in der zoologischen und botanischen Systematik und der vergleichenden Morphologie (inklusive der individuellen ontogenetischen Entwicklung) der Tiere und Pflanzen der Fall. Hier handelt es sich nur darum, eine den Lebewesen selbst innewohnende (ihnen immanente) Ordnung aufzuweisen. Die biologische Systematik versucht einfach, die ungeheure Mannigfaltigkeit tierischer und pflanzlicher Formen zu ordnen, zu klassifizieren, in ein sogenanntes natürliches System zu bringen. Wie sich das vollzieht, wurde bei der Methode der generalisierenden Induktion eingehend geschildert (s. S. 56 u. f.).

Auch in der vergleichenden Morphologie und vergleichenden ontogenetischen Entwicklungsgeschichte der Tiere und Pflanzen wird die gleiche Methode klassifikatorischer Kennzeichnungen und Begriffsbildungen durch generalisierende Induktion angewandt. Auf diese Weise werden die Begriffe der homologen Organe und Formbildungen der vergleichenden Anatomie und der homologen Entwicklungsstadien der vergleichenden Ontogenie aufgestellt. Ja selbst in der vergleichenden Physiologie, bei der durch die Frage nach der Funktion der verschiedenen Organe das Kausalproblem schon im Begriff der Funktion unmittelbar vorliegt, werden die Begriffe gleicher Funktionen ohne besondere Kausalforschung selbst, nur durch vergleichende generalisierende Induktion als bloße Ordnungsbegriffe gebildet.

Auf all diesen Gebieten, der Systematik, der vergleichenden Morphologie und vergleichenden Physiologie, führt aber die weitere Forschung stets früher oder später über die bloße Kennzeichnung und Ordnung hinaus zur Aufdeckung von funktionalen Beziehungen und kausalen Abhängigkeiten und somit zur Frage nach den realgesetzlichen Zusammenhängen, die der ermittelten Ordnung zugrunde liegen. Die den systematischen Begriffen innewohnende Ordnung wird ermittelt durch generalisierende Induktion, deren Verfahren wir im Abschnitt III, B. 3 kennengelernt haben. Durch diese Methode tritt zwangsläufig schon in der Systematik die Frage auf nach den Ursachen dieser gesetzlichen Ordnung, die Frage, wodurch die rätselhaften Neben-, Über- und Unterordnungen der verschiedenen „Gruppen unter Gruppen" (D a r w i n) kausal bedingt sind. Und genau so geschieht dies in der vergleichenden Anatomie und Entwicklungsgeschichte. So führt in all diesen Disziplinen die einfache kennzeichnende Ordnung durch generalisierende oder reine Induktion zu der Kausalforschung nach den der aufgewiesenen Ordnung zugrunde liegenden Gesetzlichkeiten. In den rein physiologischen Fächern, der Physiologie des Stoff- und Energiewechsels hat sich natürlicherweise die Kausalfrage unmittelbar infolge der hier auftretenden dynamischen Vorgänge aufgedrängt: Die Frage nach der Funktion eines Organs ist schon trotz ihrer teleologischen Einkleidung (wozu?) eine kausale Frage. In der Systematik, der vergleichenden Anatomie und vergleichenden Entwicklungsgeschichte bewirkte dies erst die aufgezeigte Ordnung. Während lange Zeit die hier vorliegenden Probleme im Gegensatz zur Organphysiologie einer exakten experimentellen Kausalforschung verschlossen zu sein schienen, hat sich in den letzten fünf bis sieben Jahrzehnten, nachdem Forscher wie Sachs und Klebs für die Formbildung und Fortpflanzungsphysiologie der Pflanzen, Roux, Boveri und Driesch für die Physiologie der ontogenetischen Entwicklung, Correns und de Vries für die Vererbungslehre sowie die Physiologie der phylogenetischen Entwicklung die Wege eröffnet haben, eine biologische Kausalforschung entwickelt, die in steigendem Maße und mit steigendem Erfolge das heutige Bild biologischer Forschung beherrscht.

2. Kausalität in der Biologie

Die Gegenstände der organischen Natur und die an ihnen sich abspielenden Vorgänge beruhen in noch höherem Grade wie die der anorganischen auf ganzen Komplexen von Kausalreihen, also auf Wechselwirkung (s. oben S. 46). Die moderne Biologie sucht nun mit Hilfe der experimentellen Methode, der exakten Induktion, die einzelnen Kausalreihen von der Wirkung auf die vorausgehende Ursache und von dieser immer weiter auf andere Ursachen zurückzuführen und somit die ganze Kausalkette zu analysieren. Die einzelnen Kausalreihen laufen jedoch nicht nebeneinander her. Vielmehr sind sie alle wechselseitig ebenfalls durch das Kausalprinzip miteinander verknüpft, und es gibt kein Einzelgeschehen, das nicht näher oder ferner durch alles frühere und gleichzeitige Geschehen bedingt ist. Der biologische Naturgegenstand ist eben nichts anderes als ein *System* von Wirkungen, und das „System" bedeutet „die Einheit des Zusammenwirkens innerhalb des komplizierten, durch mannigfaltige Gesetzmäßigkeiten gleichzeitig bestimmten Geschehens". Die organischen Naturgegenstände sind keine festen, statischen Gebilde, sondern nur „relativ konstante, dynamische Gebilde", ein System von relativ im Gleichgewicht stehenden, in durchgängiger Wechselwirkung verbundenen Kraftsystemen. Je komplexer ein solcher biologischer Naturkörper oder Vorgang ist, um so mehr sind in ihm wiederum Systemordnungen niederer Art in wechselseitiger Zusammenwirkung eingeschlossen, und die Außenkräfte der niederen Systeme sind zugleich dann die Innenkräfte der höheren. Dieses Ineinanderstecken verschiedenartiger Systeme und Systemkomplexe ist für das Naturbegreifen von allergrößter Bedeutung.

Das direkte Erkennen der Einzelursachen ist für die biologische Forschung in den meisten Fällen unmöglich, und die kausale Forschung ist daher gezwungen, das Geschehen immer zunächst nur auf solche mehr oder minder komplexe Systeme und Systemkomplexe zurückzuführen und die tieferliegenden inneren Systeme indirekt zu erschließen. Die Ermittlung der *spezifischen Gesetze der Komplizierung* ist für die Kausalforschung in der Biologie daher nicht minder bedeutungsvoll, ja zunächst wichtiger als die Erforschung der letzten elementaren Bedingtheiten.

Aus dem Erörterten ergibt sich ohne weiteres, daß die Anwendung einer exakten Kausalforschung in der Biologie keineswegs bedeutet, daß dabei alle Vorgänge auf elementare physikalisch-chemische Vorgänge zurückgeführt werden. Die Biologie ist keine angewandte Physik und

Chemie, sondern eine selbständige Wissenschaft, die nicht nur ihre eignen Objekte, sondern ihre besonderen Gesetze aufweist. Darin haben vitalistisch eingestellte Autoren, wie Driesch, v. Uexküll, Haldane u. a., unbedingt recht, und man muß ihnen auch als Nichtvitalist voll und ganz zustimmen. Die Aufgabe der Kausalforschung in der Biologie ist ja nicht einfach die Zurückführung des biologischen Geschehens auf physikalisch-chemische Vorgänge, sondern die Ermittlung der spezifischen Gesetze der Komplizierung, die das Wesen dieser besondern, individualisierten Naturkörper bestimmen. Ob überhaupt die restlose Zurückführung biologischer Erscheinungen auf physikalisch-chemisches Geschehen im Sinne des extremen Mechanismus (richtiger Kausalismus) je möglich sein wird, das wissen wir nicht. Jedenfalls ist die Auflösung der innersystematischen Glieder bis herab zum Physikalisch-Chemischen bisher nur im Gebiete der Physiologie des Stoffs- und Energiewechsels allgemein möglich, und bei allen übrigen großen biologischen Problemen muß sich die Kausalforschung meist damit begnügen, diese hochkomplexen Systeme auf einfachere, aber in sich noch komplexe, unanalysierte biologische Innensysteme zurückzuführen. So stellt die Chromosomentheorie der Vererbung, die in ihrem weiten heutigen Umfang synthetisch verschiedene biologische Gebiete zusammenschließt, eine umfassende kausale Gesetzlichkeit dar, die in ihrer Sicherheit, ihrer Bedeutung und ihrem Umfang einem Teilgebiet der Physik ebenbürtig zur Seite gestellt werden kann. In diesem großen, ein ungeheures Tatsachenmaterial erfassenden kausalen Theoriengebäude ist aber von physikalischen oder chemischen Gesetzlichkeiten nicht oder kaum die Rede. Trotzdem handelt es sich auch bei diesen rein qualitativen Gesetzeszusammenhängen um echte Kausalaussagen, und auch sie ermöglichen eine weitgehende Voraussagbarkeit der Erscheinungen. Die Messungen, die auch hier nach Möglichkeit erstrebt werden, spielen für die Ermittlung der eigentlichen biologischen Gesetze dabei eine verhältnismäßig untergeordnete Rolle, und nur ausnahmsweise lassen sich einmal allgemeine biologische Gesetzlichkeiten mathematisch fassen wie z. B. die Mendelschen Regeln der experimentellen Vererbungslehre. Aber gerade hier zeigt sich trotz ihrer großen methodischen Rolle die untergeordnete Bedeutung des Quantitativen gegenüber den qualitativen Aussagen. So sind die Mendelschen Gesetze zwar auf bestimmten Zählungen beruhende statistische Wahrscheinlichkeitsgesetze, aber sie finden ihre strenge kausale Erklärung dadurch, daß die zahlenmäßige Mendel-Spaltung und die Umkombination durch das Verhalten der Chromosomen bei der Reduktionsteilung und Befruchtung zustande kommen. Das sind aber kausale Beziehungen, die nur qualitativ phänomenologisch dargestellt werden können.

Gerade bei den umfassendsten Kausalgesetzen der Biologie, wie der Chromosomentheorie der Vererbung, der Theorie der Geschlechtsbestimmung und der Sexualitätstheorie der Befruchtung, handelt es sich somit um rein qualitative Gesetze im Gegensatz zu denen der Physik, die quantitativen Charakter aufweisen. Durch das Energieprinzip, das ja für alle physikalischen Vorgänge und Gesetze gilt, ist das notwendige Folgenmüssen einer bestimmten kausalen Veränderung auf ein quantitatives Gleichheitsverhältnis zurückgeführt. Damit ist gewissermaßen a posteriori durch die Erfahrung die „Notwendigkeit" der Kausalgesetze der Physik und somit die logische Begründung des Kausalprinzips selbst für die physikalischen Vorgänge (auch die atomaren der Quantenphysik) aufgezeigt. Rob. Mayer hat dadurch „ein objektiv gültiges und zugleich rationales Kriterium des Zusammenhanges der Veränderungen gegeben" (Hickson, J. W., 1901) und damit das Humesche Problem der Kausalität im Sinne Kants für die Physik gelöst. Denn von der bloß zeitlichen Folge, auch wenn sie eine regelmäßige ist (Hume), unterscheidet sich „die ursächliche Abfolge der

Physik durch die Konstanz der Größe, die das Vorangegangene mit dem Nachfolgenden, die Ursache mit der Wirkung, einheitlich verbindet, und diese Verbindung entspricht der logischen Form der Verknüpfung der Begriffe" (Al. Riehl). Durch die „Identität der Größe" von Ursache und Wirkung, durch die „quantitative Unveränderlichkeit des Gegebenen" wird der Zusammenhang von Ursache und Wirkung als notwendiger verstanden, „wir begreifen ihn nach der Norm aller Notwendigkeit, dem Satz des logischen Grundes, d. i. der Identität des Grundes in der Folge. Wo der Grund, wie beim ursächlichen Verhältnis, eine Größe ist, ist Identität des Grundes Identität der Größe" (Al. Riehl, 1900).

Bei den rein qualitativen Kausalgesetzen der Biologie entfällt diese aposteriorische logische Rechtfertigung eines allgemeingültigen und notwendigen Kausalzusammenhanges. Trotzdem ist auch jeder Biologe von der Allgemeingültigkeit und Notwendigkeit der qualitativen Kausalgesetze seines Gebietes, z. B. der Chromosomentheorie der Vererbung, vollkommen überzeugt. Die kategoriale Geltung des Kausalprinzips, die die Allgemeingültigkeit und Notwendigkeit der Kausalgesetze (auch der qualitativen) bedingt, wird eben bewußt oder unbewußt von allen Naturforschern anerkannt. Auch Logiker, die seine kategoriale Evidenz leugnen, erkennen seine Geltung als notwendiges Postulat und Voraussetzung jeglicher Naturforschung an (Erdmann, Sigwart, Becher, v. Kries). Aber es fragt sich, ob nicht doch zwischen den zunächst so weitgehend verschiedenen qualitativen biologischen und den rein quantitativen physikalischen Kausalgesetzen, bei denen, wie eben ausgeführt, die logische Notwendigkeit a posteriori durch das Energieprinzip einsichtig wird, ein tieferer innerer Zusammenhang besteht.

Für die Kausalgesetze des Stoff- und Energiewechsels der Organismen trifft natürlich das oben für die Physik Ausgeführte ohne weiteres zu. Denn sie sind ja alle durch physikalische und chemische Meßmethoden gewonnen und wie diese meist quantitativ formuliert. Daß für den Gesamtstoffwechsel der höheren Wirbeltiere das Gesetz von der Erhaltung der Energie zutrifft, ist zudem von Rubner (1895 und 1912) und Atwater (1904) experimentell erwiesen. Es kann aber mit Recht angenommen werden, daß es auch für die Teilprozesse des organischen Stoffwechsels gilt.

Allerdings darf bei den gerade im Biologischen nicht nur im Reizgeschehen, sondern auch im Stoffwechsel durch die hier herrschenden katalytischen Fermentwirkungen so stark hervortretenden Auslösungserscheinungen, die Auslösung nicht mit der Ursache gleichgesetzt werden. Hier liegt keine besondere *Anstoßkausalität* (Mittasch) vor; es handelt sich vielmehr nur um den Anstoß- oder Auslösungsfaktor innerhalb der Gesamtursache. Die biologischen Vorgänge sind ja keine einfachen Kausalketten, sondern eng verflochtene, äußerst komplexe Systeme von solchen, und Anlässe bei einem Reiz- oder einem katalytischen Stoffwechselvorgang eines Ferments sind ja nur herausgelöste Faktoren, Teilursachen aus dem Ursachenkomplex, der die Wirkung verursacht, die größenmäßig so stark den Anlaß übersteigt. Zu den geringeren Ursachenmomenten des Reizes, des organischen Katalysators kommt die gespeicherte potentielle Energie hinzu und dadurch werden auch bei diesen Lebensvorgängen Ursache und Wirkung quantitativ gleich. In der katalytischen Kausalität liegt somit keine „besondere arteigene Kausalitätsform“ vor, wie oft behauptet wird. Denn die Katalysatoren bestimmen ja nur scheinbar „durch ihre bloße Gegenwart chemische Reaktionen und Reaktionsfolgen nach Richtung und Geschwindigkeit“. Der Katalysator (das Ferment) ist ja nie unbeteiligt. Seine Wirkung fällt nur vielfach, aber durchaus nicht immer, aus der Reaktionsgleichung aus oder tritt nur im geringen Maße zutage, weil er nach seiner geleisteten Arbeit ganz oder teils wieder „regeneriert“ wird. Weil er in der Gesamtbilanz meist nicht auftritt, trotzdem aber nicht nur gegenwärtig sein, sondern auch sich beteiligen muß, kann man ihn doch nicht als „bloßen Vermittler und Befehlsgeber" bezeichnen. Eine solch gefährliche anthromorphistische Bezeichnung verleitet dann dazu, „eine Kausalitäts-Rangordnung, vom einfachen Katalysator bis zum unbewußten Körperwillen und zum bewußten Geistwillen als einer ‚Kausalität von oben', gewissermaßen als höchsten irdischen ‚Katalysator'" anzunehmen und auf diese Weise von oben her durch psychische Werdebestimmer die großen ungelösten Lebensprobleme einem Verständnis näherbringen zu wollen.

Nach dieser Abschweifung wenden wir uns nun wieder den rein qualitativen biologischen Kausalgesetzen des Formwechsels zu (bei denen quantitative Messungen meist unbeteiligt sind). Auch für sie wird schon dadurch die logische Sicherung durch die Erfahrung z. T. erbracht, daß bei ihnen zugleich mit der kausalen zeitlichen Abfolge die Erhaltung aller dabei in Wirkung tretenden Substanzen angenommen wird und mit Recht angenommen werden darf. Für diese ist ja (in gleicher Weise wie die Erhaltung der Energie durch Rob. Mayer) durch Lavoisier die Erhaltung der Substanz, die „quantitative Identität", bei den Stoffwandlungen a posteriori durch Erfahrung bewiesen. In den qualitativen biologischen Kausalgesetzen ist aber, wie in den quantitativ physikalischen, ebenfalls immer das Beharrungsprinzip der Substanz mit dem Gesetz der Veränderung oder des Geschehens verbunden, so daß auch für sie der Grundsatz der Größengleichheit, d. i. der Konstanz der Größe von Ursache und Wirkung,

„causa aequat effectum" (Robert Mayer),

als mitgesetzt angenommen wird und angenommen werden kann.

In der neuesten Forschung der Formwechselvorgänge der Organismen (speziell der der Genphysiologie) sind aber Befunde (wenn auch zunächst nur am Rande und in einzelnen Fällen) ermittelt, die die Aussicht eröffnen, daß auch diesen vorwiegend qualitativen Kausalzusammenhängen quantitative Identitätsverhältnisse von Ursache und Wirkung zugrundeliegen. Das sei an zwei besonders klaren Beispielen näher dargestellt.

Bei der Algengattung *Acetabularia* gelangen zwar bisher keine Bastardierungen, aber man kann in den jungen kernhaltigen Plasmaschlauch einer Art den Kern einer anderen Art experimentell einpflanzen. Die daraus entstehende Pflanze enthält nun den ganzen Genbestand zweier Arten, so daß der gleiche Effekt wie bei einer Artkreuzung zustande kommt. So hat Hämmerling (1947) Kombinationen erhalten, bei denen die nach dieser Einpfropfung sich entwickelnden Pflanzen intermediäre Ausbildung mit deutlichem Überwiegen (Dominanz) verschiedener Merkmale eines Partners aufweisen. Bringt man jedoch zwei Kerne des überwiegend rezessiven Partners mit einem Kern des dominanten zusammen, so schlägt durch das quantitative Überwiegen der Genome (Kerne) des vorwiegend rezessiven Partners die Dominanz um, die entstehende Pflanze zeigt nun gerade die Formmerkmale des Partners mit zwei Genomen, die vorher bei Vorhandensein nur eines Kerns unterdrückt, rezessiv waren, in dominanter Ausbildung. Selbstverständlich können verschiedene Grade der Ausbildung morphologischer Gebilde, wie des kompliziert gebauten sogenannten Hutes von *Acetabularia,* nicht quantitativ gemessen werden, aber in der graduell verschiedenen Stärke der Formenmerkmale der beiden Arten gibt sich doch eine quantitative Ausprägung zu erkennen, die wenigstens angenähert quantitativ abgeschätzt und dadurch einer quantitativen Behandlung zugänglich gemacht werden kann. Jedenfalls entspricht der Quantität der Gene (resp. Genome) die quantitative Ausbildung der Formmerkmale (wodurch allerdings noch nicht wie beim Energieprinzip die Identität der Größe von Ursache und Wirkung dokumentiert ist).

In der Kernplasmarelation und der Polyploidie liegt ein ähnliches, ja, hinsichtlich der quantitativen Übereinstimmung von Ursache und Wirkung noch klareres Beispiel vor. Die Kernplasmarelation besagt, daß bei Verdopplung resp. weiterer Vervielfältigung (Polyploidie) des Chromosomensatzes (Genoms) die Zellgröße entsprechend eine Verdopplung (Vervielfachung) erfährt und demgemäß die aus solchen tetraploiden (oder noch stärker polyploid gewordenen) Zellen entstandenen Pflanzen und Tiere Riesenwuchs gegenüber den normalen (diploiden) aufweisen. Besonders eingehend sind die quantitativen Beziehungen von F. v. Wettstein bei polyploiden Moosen klargestellt worden. Nach diesen Beispielen ist mit der Möglichkeit zu rechnen, daß den qualitativen biologischen Kausalgesetzen vielleicht doch ganz allgemein quantitative Identitätsverhältnisse von Ursache und Wirkung zugrunde liegen.

Dieser erfolgreichen Kausalforschung in der Biologie, die sich erst in unserem Jahrhundert nach Überwindung großer Widerstände allmählich durchgesetzt hat, droht nun von der Atomphysik eine gewisse Gefahr. Manche vitalistisch oder organismisch eingestellten Theoretiker vertreten unter Berufung auf die sogenannte „akausale" Physik (s. S. 99) im atomaren Geschehen die Meinung, daß die Kausalforschung als ein entscheidendes oder gar alleiniges Forschungsprinzip in der Biologie um so weniger anzuerkennen sei, als ja die Physik selbst im Gebiet des Atomaren das Kausalprinzip aufgegeben habe. Daraus leiten diese Autoren die Berechtigung ab, ohne tiefergehende Analyse mit Schlagworten wie Ganzheit, biologischer Sinn usw., Theorien allgemeinster Art aufstellen zu können, und geben an, damit den Sinn und das Wesen des Lebens zu verstehen. Damit verfällt aber die biologische Theorienbildung, nun von einer anderen Seite her, in die gleiche unfruchtbare Art wie die verflossene extrem mechanistische, indem mit ungenügenden Methoden übersteigerte, an der Erfahrung nicht prüfbare Verallgemeinerungen als wissenschaftliche Ergebnisse ausgegeben werden. Da das saubere, sich seiner Grenzen bewußte kausalanalytische Arbeiten sich in der Biologie (im Gegensatz zur Physik) noch nicht allgemein durchgesetzt hat, so erwächst von hier aus dem gedeihlichen Fortschreiten der biologischen Forschung ernstliche Gefahr.

Dem Ausgang dieser Bestrebungen liegt aber ein Trugschluß zugrunde. Handelt es sich doch dabei nur um die Verwechslung des Kausalprinzips als allgemein geltende Kategorie mit dem zweiten Gallileischen Prinzip, das die genaue Vorausberechenbarkeit in weiten Gebieten der Physik ermöglicht. Die Geltung der Kausalität als der funktionalen Gesetzkategorie bleibt auch in der Quantenphysik ungemindert bestehen. Dazu kommt, daß, wie oben ausgeführt, die Kausalaussagen in der Biologie gar nicht mit diesem zweiten Gallilei-Prinzip verknüpft sind, sondern eine rein qualitative Beschaffenheit aufweisen, obwohl auch sie in weitem Maße Voraussagen zulassen. Zudem sind alle bisher ermittelten biologischen Gesetzlichkeiten, physikalisch gesprochen, makrophysikalische Gesetze, ja sogar sehr grob makrophysikalische, da die meisten kausalen Innenglieder, die bisher ermittelt werden konnten, in sich höchst komplexe biologische Systeme sind. So sind z. B. die Vorgänge an den Chromosomen bei der Reduktionsteilung und Befruchtung, durch die die quantitativen Mendelschen Vererbungsgesetze kausal bedingt sind, verhältnismäßig grobe mechanische Vorgänge. Die kausal bedingte gesetzmäßige Aufspaltung in der F_2-Generation von Rassekreuzungen kann allerdings nur statistisch erfaßt werden. Die Mendel-Gesetze sind statistische Gesetze, und die Vorausberechnung ist nicht möglich, obwohl ihr Zustandekommen streng kausal determiniert erfolgt. Doch ist selbst die strenge Vorausberechenbarkeit von Einzelfällen bei der sogenannten haploiden Vererbung niederer Organismen teilweise möglich. Bei Monohybridismus kann z. B. vorausgesagt werden, daß von den vier Abkömmlingen einer einzigen Zygote zwei die Eigenschaften des einen Elters, zwei die des anderen zeigen werden. Auch dort, wo die Zurückführung biologischer Gesetze bis ins Physikalisch-Chemische reicht, handelt es sich um im physikalischen Sinn makrophysikalische Gesetze, und nur an ganz wenigen Punkten ist bisher die biologische Kausalforschung bis zu den Grenzen des Mikrophysikalischen vorgestoßen. Und selbst in diesem Falle, in dem, wie z. B. bei der Assimilation der grünen Pflanzenzellen nach O. Warburg, vier Lichtquanten ein Molekül Kohlensäure reduzieren (s. S. 12), also fraglos atomare Vorgänge in biologisches Geschehen eingreifen, sind die dadurch bewirkten molekularen Umsätze, die Reduktion der Kohlensäure und die Synthese von Zucker (also das biologisch Wesentliche), streng determinierte kausale Molekularverbindungen, also Vorgänge makrophysikalischer Art.

Im Gegensatz zur hier vertretenen Auffassung, daß quantenphysikalische Prozesse für die Erklärung der meisten prinzipiellen Lebenserscheinungen nicht herangezogen werden können, da die wesentlichen biologischen Vorgänge makrophysikalischer Art seien (eine Auffassung, die von experimentell arbeitenden Biologen wohl allgemein geteilt wird), vertritt der Physiker P. Jordan im Anschluß an einige vorsichtig geäußerte Bemerkungen von Niels Bohr die umgekehrte Ansicht, daß den Lebensprozessen „akausale", mikrophysikalische Prozesse zugrunde lägen, die die makrophysikalischen Reaktionen im Organismus dirigieren. Nach dieser Auffassung sind die „Organismen mikrophysikalische Systeme". „Für die Erforschung der zentralen Reaktionen des Organismus kann nur die Mikrophysik die physikalischen Unterlagen bieten."

Mit diesen weitgehenden Folgerungen, die auf Grund des scheinbar „akausalen" Charakters der scheinbaren Wahlfreiheit der Elementarvorgänge für „das Problem der Biologie" gezogen wurden, wollen wir uns nun näher auseinandersetzen. Wir legen dieser Auseinandersetzung die Ausführungen von P. Jordan zugrunde, der in dem populären Buch „Die Physik und das Geheimnis des Lebens" diese Fragen am eingehendsten behandelt hat.

Als Beispiel für die freie Entscheidung der Elementarteilchen führt Jordan den Zerfall der Radiumatome an. Durch Kernumwandlungen findet fortwährend ein Zerfall der Radiumatome statt, wodurch die vom Radium ausgehende Strahlung geliefert wird. „Der Physiker kann voraussagen, daß die durchschnittliche Lebensdauer (von jetzt bis zum Zerfall) von 1 mg Radium 2295 Jahre betragen wird." Doch darüber ist keine Aussage möglich, ob ein bestimmtes Atom schon innerhalb der nächsten Sekunde oder erst nach Jahrtausenden zerfallen wird. Statt sich nun mit der schlichten Feststellung zu begnügen, daß wir nur die statistische Regel kennen für den zeitlichen Zerfall der Radiumatome, daß jedoch völlig unbekannt ist, worauf diese statistische Regel beruht (denn einen Grund muß es dafür geben, da bei einem Chaos, einer vollen Regellosigkeit auch eine statistische Gesetzlichkeit nicht nachweisbar wäre), behauptet P. Jordan: „Wir fühlen uns versucht zu sagen, daß das einzelne Radiumatom selbst entscheidet, wann es zerfallen will. Nur eine allgemeine Neigung der Radiumatome zum Zerfall ist gesetzmäßig festgelegt und äußert sich in dem statistischen Gesetz des Zerfalls. Innerhalb des danach noch verbleibenden Spielraums hat aber das einzelne Radiumatom weitestgehende Freiheit, sich zum Zerfall zu entschließen."

Jordan gibt zwar selbst zu, daß er „mit dieser Ausdrucksweise der Phantasie mehr Freiheit zugelassen habe, als im Rahmen wissenschaftlicher Urteilsbildung erlaubt sein kann", zieht aber aus solchen nicht genügend begründeten Auffassungen über das Geschehen im Mikrophysikalischen weitgehende Folgerungen für die Grundprobleme der Biologie. So behauptet er: „Die eigentlichen Zentren des Lebens also sind nicht mehr makrophysikalischer Kausalität unterworfen, sondern liegen in der Zone mikrophysikalischer Freiheit." Akausale mit gewisser Freiheit begabte Mikrovorgänge sollen in der lebenden Zelle an „Zentren“ Verstärkerwirkungen auslösen, die das weitere makrophysikalische Lebensgeschehen diktatorisch richtunggebend steuern. Es handle sich dabei um „eine der allgemeinsten und fundamentalsten Eigenschaften aller lebenden Organismen“. „Leben ist ein Wirken aus der Akausalität der Unterwelt heraus in die kausal gebundene Oberwelt hinein.“ (Akausale Verstärkertheorie des Lebens.)

Nun trifft schon die Behauptung, daß das Geschehen der Elementarvorgänge in der Atomphysik „akausal“ verlaufe, in dieser Fassung nicht zu und beruht auf einer Verwechslung des kategorialen Kausalprinzips mit der genauen Vorausberechenbarkeit der Elementarvorgänge. Letztere ist aber in der Mikrophysik deshalb unmöglich, weil die Beobachtung und Messung atomarer Elementarvorgänge mit einem kausalen Eingriff in diesen Vorgang verbunden und daher nur eine statistische Behandlung und Berechnung der Atomvorgänge möglich ist.

Zur Begründung dieser Hypothesen beruft sich J o r d a n neben den durch Röntgenstrahlen ausgelösten Mutationen, den Änderungen an den Erbanlagen (Genen) im Zellkern, besonders auf die Tötung von Bakterien u. a. infolge der Absorption eines einzigen Quants ultravioletter Strahlung. Wenn auch seine Deutung der zugrunde liegenden Experimente richtig ist, daß ein Treffer zur Tötung eines Coli-Bakteriums genüge, so ist damit über ein akausales Geschehen in der lebenden Zelle nicht das geringste ermittelt. Denn es könnten damit nur „akausale, unkontrollierbare Verschiedenheiten der Außenbedingungen beleuchtet sein, denen die einzelne Zelle bzw. ihre Steuerungszentren ausgesetzt sind und denen zufolge sie selber dann zwangsläufig verschieden reagieren“, wie B ü n n i n g treffend dagegen einwendet. Über die Art und Weise, die der eine Treffer in der Zelle wirkt, wissen wir zur Zeit nicht das geringste.

Auch die Berufung von Jordan auf die Erhöhung der Mutationshäufigkeit der Gene nach Röntgenbestrahlung, wobei eine Mutation durch einen Treffer ausgelöst wird, beweist nichts für das Zutreffen der „akausalen" Verstärkertheorie. Zwar ist in diesem Fall die Eintreffertheorie gut begründet (Timoféeff, Delbrück und Zimmer). Aber einerseits wird ja den „freien Genen", die schon normalerweise wie die zerfallenden Radiumatome, eine bekannte normale Mutationshäufigkeit besitzen, durch einen Röntgentreffer, also kausal, zwangsläufig eine Veränderung aufgezwungen, und andererseits sind alle weiteren durch das veränderte Gen bedingten veränderten Entwicklungs- und Vererbungsabläufe zwangsläufig kausale makrophysikalische Vorgänge.

Alle experimentellen biologischen Befunde, auf die sich der Physiker Jordan zur Begründung seiner akausalen Verstärkertheorie im Biologischen beruft, sind isolierte und dabei teilweise ungenügend analysierte Sonderfälle und nicht „typische Fälle aus überaus reichem und umfassendem Erfahrungsmaterial". Die experimentellen Biologen können sie nur so beurteilen und müssen die ihnen von Jordan zugewiesene Bedeutung absprechen, zumal alle wirklich genau analysierten wesentlichen Vorgänge in den Zellen, wie die Assimilation des Kohlenstoffs durch das Sonnenlicht in den grünen Pflanzenzellen, die Zellatmung, aber auch die überraschenden neuen Ergebnisse über die Formbildungsvorgänge, die durch Gene bewirkt werden, sich als streng kausal bedingte makrophysikalische chemische Vorgänge erwiesen haben.

Von der sogenannten „akausalen" Physik, einem hypothetisch angenommenen freien willkürlichen Entschluß letzter Elementarteilchen, sich so oder anders zu entscheiden, führt somit ebensowenig ein wissenschaftlich gangbarer Weg zum Verständnis der Grundprobleme der Biologie und der menschlichen Willensentscheidung wie von der katalytischen Anstoß-Kausalität zur „Willens-Kausalität" und der Begründung von entelechialen oder psychischen „Werdebestimmen“ (s. S. 95) im organischen Geschehen. Bei beiden Versuchen handelt es sich um unbeweisbare metaphysische Spekulationen, wie sie K a n t gekennzeichnet und scharf abgelehnt hat. Mit den uns Menschen zur Verfügung stehenden Erkenntnismitteln können derartige Behauptungen weder bewiesen noch widerlegt werden. Es handelt sich bei derartigen Formulierungen nicht um wissenschaftliche Erkenntnisse oder wenigstens Erkenntnismöglichkeiten, sondern um metaphysische, spekulative Glaubensaussagen, die wegen der Unmöglichkeit, sie zu beweisen oder zu widerlegen, für wissenschaftliche Erkenntnis ohne Bedeutung sind.

Soviel steht fest: Die überraschend großen Erfolge der Biologie in den letzten 50 Jahren sind nur der konsequenten Anwendung strenger Kausalforschung mittels der von G a l i l e i entdeckten und in die Naturwissenschaften eingeführten exakten Induktion, der Methode des planmäßigen Experiments zu verdanken, während die metaphysischen Spekulationen, gleichgültig welcher Art, ob neovitalistischer, psychovitalistischer oder mechanistischer (kausalitischer), kein haltbares Ergebnis, keine wirkliche Erkenntnis erbracht haben.

3. Finalität in der Biologie

Von vielen Biologen und Philosophen wird heute der Standpunkt vertreten, daß für die Erforschung und Erkenntnis der Organismen und des organischen Geschehens das Kausalprinzip nicht ausreiche, daß hier noch ein anderes Prinzip, das der Zweckmäßigkeit oder, wie es heute meist bezeichnet wird, der Ganzheit hinzukommen müsse, ja, ihm komme sogar eine größere Bedeutung im Organischen zu als jenem. Erst die Beurteilung der Organismen als zweckmäßige bzw. zielstrebige, harmonische Ganze führe zum richtigen „Verständnis“ und zur richtigen Erklärung des Organischen.

Die Zweckmäßigkeit der Organismen, ihrer Organe und Funktionen wird natürlich jeder Vorurteilslose ohne weiteres zugeben und somit anerkennen, daß diese Beurteilung des Zweckmäßigen (Planmäßigen), Zielstrebigen, Ganzheitsbezogenen für die Kennzeichnung biologischer Formen und Funktionen notwendig ist. Organismen sind komplexe Systeme, die gerade durch das spezifische Zusammenwirken der einzelnen Kausalreihen, durch die Wechselwirkung aller Teilwirkungen ihren Charakter erhalten. Die Systemwirkungen in den Organismen sind Ganzheitsbeziehungen, und die Systembedingungen sind daher Erhaltungsbedingungen. Das ist aber keineswegs eine Eigentümlichkeit der biologischen Systeme allein. Vielmehr gilt das gleiche für alle Naturobjekte der ideographischen Naturwissenschaften. Die Mineralien, die Kristalle, die chemischen Verbindungen und Elemente, alle diese Systeme sind von prinzipiell gleichem Charakter. Nur ist die wechselseitige Verknüpfung der einzelnen Kausalreihen einfacher, durchsichtiger, leichter analysierbar. Auch hier kann kein Glied aus dem Ganzen entfernt werden, ohne die spezifische Eigenschaft und Struktur der betreffenden Systeme zu stören oder zu zerstören. Zweckmäßigkeit, d. h. Bezogenheit der Teile auf das Ganze, ist in diesem Falle identisch mit erhaltungsgemäß.

Man hat gegen diese Auffassung ins Feld geführt, daß bei anorganischen Systemen das Ganze nur die Summe seiner Teile darstellt, während die Summe der Teile noch keinen Organismus, kein „Ganzes“ ergebe. Doch verfehlt dieser Einwand sein Ziel. Auch im Anorganischen gibt es in weiter Verbreitung Systeme, die nicht einfach die Summe der Teile darstellen und Ganzheitscharakter tragen, die erst durch die spezifische Gesetzmäßigkeit des Zusammenwirkens der Glieder ihre Besonderheit erlangen. In einem solchen komplexen System stehen alle es bedingenden Teilsysteme eventuell bis zu den Elementen miteinander in einem harmonischen Wirkungszusammenhang, bilden eine Einheit, und bei Veränderungen eines Teilsystems oder Elementes kann sich sofort wiederum aus den Systembedingungen heraus ein dynamisches Gleichgewicht herstellen und somit der gesetzmäßige spezifische Systemzusammenhang, die Einheit, erhalten. Als einfachstes Beispiel sei auf das Gleichgewicht in einer Lösung oder einem Lösungsgemisch von Salzen nach dem Massenwirkungsgesetz hingewiesen. Nach Veränderungen der Konzentration eines der Moleküle, Veränderung der Temperatur usw. stellt sich aus den inneren Bedingungen das Gleichgewicht der Moleküle und Ionen wieder her, wodurch die Erhaltung der Systemeinheit innerhalb weiter Grenzen ermöglicht wird. Die biologischen Ganzheitstheoretiker und Vitalisten werden dieses einfache Beispiel zwar kaum als Analogie zur Einheit eines lebenden Organismus gelten lassen, doch handelt es sich auch bei der Zellatmung und der Helldunkeladaption um physiologische Teilvorgänge von derselben ganzheitlichen Art, die bei weitgehenden Veränderungen einzelner Glieder ihren Ganzheitscharakter bewahren. Hier liegen Systeme vor, die in den Einzelheiten viel komplexer und somit in ihrem Ganzheitscharakter gerade im Sinne jener Theoretiker unverkennbar sind und dabei selbst wesentliche Lebensvorgänge darstellen. Aber auch sie haben ihre kausalgesetzliche Auflösung und Erklärung gefunden.

Der Psychologe W. Köhler hat in seinem Buche „Physikalische Gestalten" eine große Anzahl anorganischer Systeme zusammengestellt, die Ganzheitscharakter tragen, nicht summenhaft sind, „deren charakteristische Eigenschaften und Wirkungen ihrer sogenannten Teile nicht zusammensetzbar sind". Solche Systeme nennt W. Köhler nach einem Begriff der Psychologie „Gestalten". Die anorganischen „Gestalten" sind zwar durch und durch kausal bestimmt, determiniert. Aber trotz des durchgehenden Kausalismus enthalten alle Systeme in mehr oder minder starkem Grade, in der scheinbaren Zufälligkeit des spezifischen, an sich gesetzmäßigen Zusammenwirkens Momente, Wesenszüge, die irrational sind, die mit den Kategorien des Denkens nicht erfaßt werden können. Da aber andererseits die einzelnen Kausalreihen und die intersystematischen Beziehungen einfacher und leichter zu durchschauen sind, so erkennt das Denken die Möglichkeit der kausalen Aufklärung ohne weiteres an, und die Erkenntnis gibt sich mit der kausalen Aufdeckung der Zusammenhänge zufrieden und vernachlässigt den irrationalen Rest, obgleich auch hier das rationale Denken durchaus nicht den ganzen Gegenstand und vor allem dessen Ganzheitscharakter zu erfassen vermag.

Jeder Gegenstand, selbst jede einfache chemische Verbindung, zeigt solche irrationalen Wesenszüge auf. Wenn Wasserstoff und Sauerstoff in bestimmten Verhältnissen zusammentreffen, so bildet sich in gesetzmäßiger (kausaler) Weise Wasser. Die funktionalen Zusammenhänge bei diesem Vorgang lassen sich quantitativ völlig erklären. Und doch sind die Eigenschaften des neu entstandenen chemischen Körpers nicht aus der Summe der Eigenschaften seiner Komponenten verständlich. Das aus der Verbindung der Teile hervorgegangene höhere System zeigt völlig neue Eigenschaften, die uns ebenso rätselhaft, irrational bleiben, wie die seiner Komponenten.

Und so ist es mit allen besonderen Naturkörpern. Das Besondere, spezifisch Qualitative, das eigentlich Irrationale erfaßt die Naturwissenschaft mit den ihr zur Verfügung stehenden Erkenntnismitteln auch im Anorganischen nicht; es interessiert sie aber auch nicht. Sie ist völlig damit zufrieden, den rationalisierbaren Teil zu erkennen und die kausalen Beziehungen quantitativ festzulegen, so daß sie das Irrationale meist völlig übersieht und vernachlässigt. Und von ihrem Standpunkt aus kann, ja muß sie das auch tun. Die Naturerkenntnis wäre voll befriedigt, wenn der rationalisierbare Teil in seiner ganzen Wechselwirkung aufgedeckt wäre. Der irrationale Rest des Seins liegt außerhalb der Sphäre der Naturwissenschaft. Das drückt sich auch in den Worten von Robert Mayer mit größter Deutlichkeit aus, wenn er sagt: „Was Kraft, was Wärme ist, brauchen wir nicht zu wissen, aber das müssen wir wissen, wie man die Kraft oder Arbeit und die Wärme nach unabänderlichen Einheiten zählt, und daß und welche Größenbeziehung zwischen dem Meterkilogramm und der Wärme stattfindet." Der Naturforscher braucht sich um den irrationalen Teil nicht weiter zu kümmern, der Erkenntnis- und Wissenschaftstheoretiker darf jedoch an ihm nicht vorübergehen und erst recht nicht der Metaphysiker.

Als Hauptbeweis für eine Eigengesetzlichkeit des Zweckmäßigen und gegen die Unmöglichkeit seiner Zurückführung auf rein kausales Geschehen sehen die Teleologen die zweckmäßigen Anpassungen der Organismen im weitestgehenden Sinne an: die zweckmäßigen oder zwecktätig erscheinenden Handlungen einschließlich Reflexe und Instinkte sowie die mehr passiven Anpassungserscheinungen, wie Schutzfärbung, und die oft so komplizierten wechselseitigen Beziehungen zwischen Wirt und Parasit. In der Tat tritt an diesen Erscheinungen die Zweckmäßigkeit am sichtbarsten zutage, weil man die Zwecke unmittelbar sieht. Diese Erscheinungen sind unmittelbar auf das dem Individuum Zweckdienliche eingestellt. Und doch erklärt auch hier der Nachweis der Zweckmäßigkeit das vorliegende organische Geschehen.

Die Annahme eines zweckmäßig wirkenden Prinzips könnte nur dann diese Vorgänge erklären, wenn seine Existenz einwandfrei feststünde. Statt dessen ist die übliche Schlußfolgerung umgekehrt, d. h. es wird aus dem Umstand, daß diese Vorgänge noch nicht geklärt sind, auf die Existenz eines zweckmäßigen resp. zwecktätigen Prinzips geschlossen. Andererseits lassen sich Reflexe und Instinkte, also komplizierte, zwecktätig erscheinende Handlungen in Einzelreflexe zerlegen, die zwar auch an sich vielfach durchaus rätselhaft und unaufgeklärt sind, deren jeder einzelne aber für sich durchaus nicht als geschlossene, zwecktätige Handlung aufgefaßt resp. bewertet werden kann. Ja, in isolierte Teilprozesse zerlegte oder auf andere Tierarten resp. den Menschen ab- und irregeleitete Instinkte wirken in höchstem Maße zweckwidrig. Das Zweckmäßige ist daher in keiner Weise imstande, irgendeine Erklärung dieses Geschehens zu geben.

Sehr stark wurde und wird von teleologisch denkenden Autoren die zweckmäßige oder zutreffender gesagt *zielgerichtete* Entwicklung der tierischen Eier zum fertigen Tier als wichtiges Argument für die Finalität des Lebensgeschehens hervorgehoben. Gerade diese Zielgerichtetheit ist es, die immer wieder zu finalen und vitalistischen Erklärungsversuchen verleitet, weil man annimmt, daß derart zielgerichtetes Geschehen nur in der uns Menschen von unserem zielgerichteten, zweckmäßigen Handeln her bekannten Weise erklären zu können. Man verwechselt so zweckmäßig, zielgerichtet kausal Gewordenes mit zwecktätig Geschaffenem. Diese zielgerichteten Formbildungsprozesse sind aber auf Grund der neuen experimentellen Einsichten weitgehend einem kausalen Verständnis nahegebracht worden. Denn die Cytogenetik und Genphysiologie hat in dem Genom, der Gesamtheit der Erbfaktoren oder Gene (s. S. 70 u. f.), die in den Chromosomen der Zellkerne befruchteter Eier sich finden, das Anlagesystem nachgewiesen, das so beschaffen ist, daß „das in sich geschlossene, auf ein Endstadium hin zusammengebrachte und angelegte Ursachensystem" für die daraus resultierende Form angesprochen werden muß. Nicht die Ganzheit, die Ganzheitsdetermination ist dabei der entscheidende Determintionsfaktor, wie immer wieder behauptet wird. Die Ganzheit kommt ja erst am Ende der Entwicklung, und zwar durch das Formbildungsgeschehen selbst zustande. Die im Anlagesystem der Erbfaktoren liegende *Zentraldetermination*, wie Nicolai Hartmann diese Determinationsform treffend genannt hat, bewirkt vielmehr, daß „ein solcher geschlossener Ursachenkomplex als straffes Ausgerichtetsein eines Prozesses auf ein bestimmtes Endstadium" betrachtet werden kann. „Die Anlage (also die Gesamtheit der Erbfaktoren) spielt in der Tat die Rolle eines bestimmenden Zentrums, dessen Funktion sich in der Teilung und Differenzierung der Zellen weitergibt, sich entfaltet und so das Ganze durchdringt." Die Determination dieses Systems (die Gene) „bilden eben den nur auf das Endresultat angelegten geschlossenen Ursachenkomplex". „Auf den geschlossenen Ursachenkomplex aber kommt es in erster Linie an, denn nur ein solcher kann fest auf ein Endresultat ausgerichtet sein, ohne doch zwecktätig zu sein."

Die ganze psychologisch-teleologische Betrachtungsweise ist eben nur die Schilderung der betreffenden Vorgänge in einer anderen Sprache, die zwar als Ausgangspunkt und Hilfsmittel der biologischen Forschung ihre volle Berechtigung hat, die aber in weiterem Verfolg der Kausalforschung eliminiert werden muß und eliminiert wird. Sie ist ein Fremdkörper in der naturwissenschaftlichen Begriffsbildung. In der Physik ist das für alle ohne weiteres einleuchtend. Hier sind die Zweckbegriffe zum größten Teil bereits eliminiert. Wenn man die ältere physikalische Originalliteratur durchsieht, so trifft man bis tief ins 18., ja den Beginn des 19. Jahrhunderts hinein merkwürdigerweise teleologische Erklärungsversuche, die uns heute ganz unmöglich erscheinen. Doch finden sich teleologische Formulierungen auch noch in der modernsten Physik) z. B. im sogenannten „Prinzip der schnellsten Ankunft" in der Optik und den sogenannten „virtuellen Bewegungen"). Sie sind vor der Hand auch hier noch unentbehrlich, ohne daß jemand auf den Gedanken käme, diesen „Zweckbegriffen" irgendwelche konstitutive Bedeutung zuzuschreiben, sie dienen hier nur für kurze provisorische Beziehungen noch nicht genügend scharf formulierbarer kausaler Zusammenhänge von hoher spezifischer Komplizierung. Wenn wir uns auf die erkenntnistheoretischen und methodologischen Grundlagen der Naturwissenschaft besinnen, dann läßt sich in überzeugender Weise einsehen, daß ohne die Kategorie der Kausalität sich überhaupt keine Naturerkenntnis und auch keine Wissenschaft von der Natur gewinnen läßt. Es gibt in der Naturwissenschaft, und somit auch in der Biologie als einem Glied derselben, nur gesetzmäßige oder kausale Erkenntnis im weitesten Sinne. Der Aufweis einer Zweckfähigkeit, eines Ganzheitscharakters zeigt überall nur ein Problem an, gibt aber noch keine Problemlösung. Die Zweckmäßigkeit erklärt nicht, sie bedarf der Erklärung.

Wenn auch so der in der Naturwissenschaft als Fremdling betrachtende Zweckbegriff als konstitutives Glied aus der Naturforschung eliminiert werden muß, kommt ihm doch gerade im Reiche des Organischen in anderer Hinsicht eine nicht gering einzuschätzende Bedeutung zu. Kant war es, der auch hier als erster entscheidende Gesichtspunkte zur richtigen Klarlegung des Teleologiegedankens für die Naturwissenschaften, speziell für die Biologie, gebracht hat. „Ein Ding seiner inneren Form halber als Naturzweck beurteilen, ist etwas anderes, als die Existenz dieses Dinges für Naturzweck halten." Mit diesem Satz kündet Kant eine neue Lösung an. Die Existenz der Dinge als Naturzweck anzusprechen, wie das Aristoteles getan hat und heute teleologisierende Biologen noch tun, das geht, wie Kant schon gezeigt hat, nicht an. Dagegen gibt uns die Beurteilung eines Dinges als Naturzweck ein methodologisch wertvolles Prinzip an die Hand, um überhaupt der kausalen Forschung auf diesen komplexen, dunklen Gebieten Anhaltspunkte zum Eindringen in die Probleme zu geben. Überall dort, wo Zweckmäßigkeit, wo Ganzheitsbeziehungen im Organischen uns entgegentreten, liegen ungelöste Probleme des biologischen Geschehens vor, und die Aufweisung der Ganzheitsbeziehungen, der Zweckmäßigkeit ermöglicht erst, kausale Elemente und ihre Verknüpfung zum Ganzen aufzudecken. Denn überall dort, wo man bei einem Lebensvorgang, einer Lebenserscheinung einen Zweck derselben für den Organismus aufzeigt, erweist man zugleich diesen Vorgang als die Ursache des angenommenen Zweckes. Daher hebt die Zweckbeurteilung in diesem Sinne nicht die Kausalforschung auf, sie ermöglicht vielmehr ihr weiteres Fortschreiten.

Die Erkenntnis und Erfahrung erschöpft einen Gegenstand niemals, es bleibt immer ein unbekanntes X, ein Problemrest, als weitere Aufgabe der Wissenschaft übrig. Erkenntnis ist Fortschreiten, „ewige Aufgabe". „In diesem Sinne ist der Erfahrungsgegenstand in seiner Ganzheit niemals ‚gegeben'" (Nic. Hartmann). Indem nun aber die Erkenntnis den Gegenstand in seiner Ganzheit antizipiert, weist sie der Forschung die weitere Richtung. Der Zweck, der Ganzheitsbegriff, wird zur methodischen Regel für das weitere Fortschreiten der Erkenntnis, er wird mit Kant zum regulativen Prinzip für die Forschung. Wohl geht die Forschung darauf aus, die konstitutiven Bedingungen, die besonderen Gesetze zu ermitteln, die dem biologischen Gegenstand zugrunde liegen. Aber gerade diese konstitutiven Bedingungen fehlen in ihrer Totalität, ja — es sind nur ganz wenige zunächst bekannt. Und hier bietet uns der Zweck- resp. Ganzheitsbegriff als *regulatives Prinzip* den nötigen Anhaltspunkt zur Ermittlung weiterer konstitutiver Bedingungen.

Wie uns die Methodenlehre gezeigt hat, funktionieren teleologische Gesichtspunkte, Ganzheitsbetrachtungen in der naturwissenschaftlichen Forschung bei der generalisierenden Induktion als Prämissen, als deduktive Momente, von denen aus überhaupt erst die wissenschaftliche Analyse ausgehen kann und unter die zunächst die analysierten Glieder subsummiert werden können.

Dieses Prinzip wendet die biologische Forschung auf Schritt und Tritt, bewußt oder unbewußt bei ihrer Arbeit an. Sie fragt immer zuerst nach dem Zweck, nach der Bedeutung eines Organs, einer Funktion für das ganze Lebewesen oder für einen bestimmten Teilvorgang. Hat sie aber eine solche Zweckbeziehung erkannt, dann hat sie zugleich die betreffende Organfunktion als kausales Moment zur Erreichung dieses „Zweckes" nachgewiesen. Hier zeigt sich mit aller Deutlichkeit, wie die Frage nach der „relativen" Zweckmäßigkeit den Zweckbegriff auflöst, ihn durch kausale Momente ersetzt.

Aus der biologischen Literatur ließen sich Dutzende von Beispielen anführen, bei denen diese Auflösung der Zweckbegriffe durch die objektive oder hypothetische Beantwortung einer Zweckfrage zwar schon tatsächlich durchgeführt ist, das richtige kausale Verhältnis aber sprachlich durch Beibehaltung der Zweckbegriffe noch verwischt erscheint. So wird z. B. die Amphimixis vielfach noch immer als eine Befruchtungshypothese statt Vererbungshypothese bezeichnet. Die Amphimixis ist aber die Folge, nicht die Ursache der Befruchtung (s. S. 21). Ein in Frage stehender Vorgang (oder ein Organ) wird als bedingendes Glied eines anderen übergeordneten Vorganges (oder Organs) resp. des Gesamtorganismus erkannt und nun fälschlicherweise der erste Vorgang durch mehr oder minder verdeckte Zweckbegriffe als erklärt angenommen. Die betreffenden Autoren haben das richtige Gefühl, daß sie durch die Aufzeichnung eines solchen Zusammenhanges die Erkenntnis gefördert haben, eine wirkliche Erklärung angebahnt haben; sie beziehen nur fälschlicherweise ihre Erklärung auf das zeitlich vorausgehende, statt auf das folgende, auf das untergeordnete, an sich noch ganz unerklärte, problematische Innenglied des funktionalen Zusammenhanges, statt auf das durch das unbekannte Innenglied nun erklärte, übergeordnete Außenglied. So kommt es, daß in der biologischen Literatur unnötigerweise von den meist nicht erkenntnistheoretisch und methodologisch geschulten Biologen in großer Zahl Zweckbegriffe mitgeschleppt werden, die schon längst durch die Forschung selbst in kausale Zusammenhänge aufgelöst sind. Aus der exakten Naturforschung sind die teleologischen Begriffe, die vor Galilei auch hier vollkommen das Feld beherrscht hatten (man denke an die Lex continui, den Horror vacui usw.), heute fast verschwunden, während man in der physikalischen Originalliteratur bis tief ins 18., ja 19. Jahrhundert hinein reichlich teleologische Erklärungsversuche antrifft. Die biologische Forschung kann sie infolge ihrer unendlich komplizierten Untersuchungsobjekte nicht entbehren. Doch ist auch hier nicht nur die Physiologie im engeren Sinne, für die das schon seit langem gilt, sondern auch die moderne Entwicklungsphysiologie und Genetik in planmäßig exakter Forschung auf dem Wege der fortschreitenden Ersetzung teleologischer Antizipationen durch exakte Kausalbegriffe, wobei das teleologische Prinzip den Gang dieser Ersetzung selbst wiederum annähernd vorausbestimmbar macht.

D. Das Leib-Seele-Problem

Schon bei der Erörterung des sogenannten Reizgeschehens der Tiere wurde betont, daß dasselbe bei den höheren Tieren und vor allem beim Menschen mit psychischen Vorgängen, Wahrnehmungen, Empfindungen usw. verbunden ist. Oft scheinen die psychischen und die physischen Vorgangsreihen parallel zu verlaufen, doch läßt sich deren Zusammenhang mit den Mitteln der Wissenschaft, also logisch, rational in keiner Weise erfassen. Die größte Problematik, die das Leben bietet, tritt uns in der Leib-Seele-Frage entgegen, eine unauflösbare Antinomie: das Verhältnis ist ein irrationales. Jeder Versuch, das Seelische aus den Prinzipien des physischen Lebens erklären zu wollen, ist infolge dieser irrationalen Natur des Verhältnisses vom Seelischen zum Physischen verfehlt. Die Biologie als Naturwissenschaft ist nur imstande, physiologische Zusammenhänge wissenschaftlich aufzuklären. Ebenso verfehlt ist aber auch jeder Versuch, von dem Psychischen, Seelischen her unbekannte physische Vorgänge des Lebens biologisch erklären zu wollen.

Alle derartigen Versuche müssen fehlschlagen, weil uns das Bewußsein als solches von ganz anderer Seite, auf Grund anderer Vorgänge bekannt ist. „Das Bewußtsein kann nur introspektiv in sich selbst betrachtet werden." Es ist zugleich Betrachtendes und Objekt seiner Betrachtung. In diese Innerlichkeit von außen her zu gelangen, ist unmöglich. Und der Betrachtende kann unmittelbar nur sein eigenes Bewußtsein zum Gegenstand der Betrachtung machen. Nur durch Analogie können wir auf Bewußtseinsvorgänge bei unseren Mitmenschen schließen. Was für Bewußtseinsvorgänge unsere Mitmenschen erleben, wissen wir nicht. Wir können nur aus Gleichartigkeit der äußeren Manifestationen unserer Bewußtseinsvorgänge mit denen der Mitmenschen auf das Vorhandensein gleichgearteter innerer Bewußtseinsvorgänge schließen. Und in gleicher Weise schließen wir durch Analogie auch auf etwas dem unsern ähnliches Psychisches bei Tieren, von dem wir uns aber umso weniger irgendeine Vorstellung machen können, je weiter die Tiere in ihrer Organisation von uns entfernt sind. Jener Zweig der Biologie, die Tierpsychologie, die glaubt, das Seelenleben der Tiere erforschen zu können, ist dazu nicht imstande, weil ihr alles methodische Rüstzeug zu einer solchen Psychologie fehlt. Was diese Psychologie erforscht hat, ist, soweit sie ernsthafte Wissenschaft treibt, kein Seelenleben der Tiere, sondern deren Verhalten auf Grund der Physiologie der Sinne und des Nervensystems. Sie verwendet dabei nur die psychologischen Begriffe als heuristisches Prinzip, um überhaupt Ansätze zur kausalen Forschung zu gewinnen.

Und doch besteht ein enger Zusammenhang zwischen dem Forschungsgebiet der Biologie und dem Bewußtsein, und die Probleme, die uns dabei entgegentreten, lassen sich nicht ignorieren. Nicht nur ist der Mensch ein einheitliches Wesen, in dem diese beiden getrennten Welten in dauerndem Konnex stehen, sondern es kann wohl auch nicht geleugnet werden, „daß die höheren Tiere etwas unserem Bewußtsein Ähnliches besitzen, wie immer verschieden es auch von diesem sein mag". Allein schon die Tatsache der Deszendenz läßt uns um diese letztere Annahme nicht herumkommen. Derselbe Analogieschluß, der uns bei unseren Mitmenschen Bewußtseinsvorgänge vermuten läßt, ist auch für die Beurteilung des Verhaltens der Tiere statthaft. Denn die Manifestationen dieser vermuteten psychischen Vorgänge sind von denen beim Menschen nicht der Art und Weise nach, sondern nur graduell verschieden. Und doch ist es schlechterdings unbegreifbar, „wie ein Prozeß als Körpervorgang beginnen und als seelischer Vorgang enden kann, oder umgekehrt". Die Annahme einer Wechselwirkung zwischen Physischem und Psychischem, die dem natürlichen Denken als das Nächstliegende erscheint, hält keiner kritischen Prüfung stand. Es läßt sich nun einmal nie verstehen, „wie ein leiblichphysischer Vorgang einen Bewußtseinsvorgang sollte hervorrufen könne, der zwar als ‚Vorgang' immer noch das Moment des zeitlichen Ablaufes mit ihm gemeinsam hat, dessen Inhalt aber weder räumlich noch zeitlich ist" [1]). Und ebenso ist es umgekehrt. Es bleiben immer zwei parallel laufende, sich wechselseitig entsprechende, aber niemals schneidende Reihen von Vorgängen, die physischen in Sinnensorganen und Nervensystem und die psychischen im Bewußtsein, die trotz der genauesten Beziehungen zueinander ewig getrennt nebeneinander bestehen, wie es die Theorie des psycho-physischen Parallelismus annimmt.

Es ist für die Biologie als Naturwissenschaft wichtig, sich mit aller Deutlichkeit klar zu machen, daß diese Grenze zwischen Physiologie und Psychologie zwischen physiologischer und psychologischer Forschung trotz der innigen Beziehungen, die durch die Einheit des psychophysischen Wesens des Menschen gegeben sind, und trotz fraglos bestehender Abhängigkeiten nicht eine relative, sondern eine absolute, unübersteigliche ist. Aber der *„hiatus irrationalis"*, der hier klafft, ist kein solcher der Sache, sondern nur ein solcher der Problemgebiete und der wissenschaftlichen Methode. Er ist eine beiderseitig unübersteigbare Problemscheide, aber keine seiende Realität. Vergleichende Sinnesphysiologie und Tierpsychologie, die experimentelle Psychophysik der menschlichen Psychologie, sie treiben alle keine echte Psychologie, sondern nur Physiologie, die infolge der ungeklärten komplexen Kausalzusammenhänge mit psychologischen Be-

1) Anm. Zitate von Nic. Hartmann.

griffen beschwert ist, die aber beim weiteren Fortschreiten der Erkenntnis eliminiert werden müssen. Es ist wie ein Reden mit zweierlei Sprachen, das aber doch nur dem Begreifen eines einzigen Sachverhaltes dient. Und dieser Sachverhalt ist immer nur der physische.

Trotz dieser methodisch festzuhaltenden absoluten Problemscheide wird natürlich die durchgehende und übergreifende Problembeziehung der beiden Gebiete nicht aufgehoben. In der Einheit des Menschen, in der Einheit von Leib — Seele, die einmal zum Wesen des Menschen gehört, ist dieses Übergreifen begründet, und die Theorie des psycho-physischen Parallelismus kann somit keine zutreffende Theorie des psycho-physischen Problems sein, sondern uns nur als methodische Richtschnur dienen. Die psycho-physische Einheit des Menschen ist als Phänomen des Seins schlechthin gegeben. Es kann auch nicht geleugnet werden, daß andererseits ganz bestimmte Abhängigkeiten zwischen physischen und psychischen Vorgängen bestehen. „Wichtig ist dagegen nur, daß man sich der Tatsache bewußt bleibe, daß die Zusammenhänge und Abhängigkeiten, um die es sich hier handelt, ungeachtet ihrer phänomenalen Gegebenheit doch tief rätselhaft und unverstanden bleiben, und daß eben die Tatsache des psychophysischen Wesens im Menschen eine durchaus metaphysische irrationale Tatsache ist“ (Nic. Hartmann). Das Irrationale tritt uns hier in seiner größten und tiefsten Verankerung entgegen.

E. Das Mechanismus-Vitalismus-Problem

1. Phänomen- und Problemanalyse des Verhältnisses vom Organischen und Anorganischen

Im vorstehenden Kapitel ist dargelegt worden, daß zwischen Psychischem und Physischem eine absolute, unübersteigliche Grenze liegt, da weder vom physischen Geschehen aus psychische Erscheinungen, noch umgekehrt vom Psychischen, Seelischen aus physische (physiologische) Vorgänge erklärt und begriffen werden können; zwischen beiden Sphären des Seins klafft ein *hiatus irrationalis*. Nach der Ontologie Nic. Hartmanns bildet die psychische Sphäre eine besondere Seinsschicht, die die körperliche, physische Welt überbaut und überformt. Das körperliche physische Sein ist zwar unbedingte Grundlage und Voraussetzung allen seelischen psychischen Seins; doch kommt mit dem Psychischen etwas Neues gegenüber dem Physischen hinzu, so daß das erstere nicht restlos auf das letztere zurückgeführt werden kann und das Verhältnis ein tief irrationales metaphysisches bleibt. Eine ähnliche Überschichtung und Überformung besteht nach Nic. Hartmann zwischen dem psychischem Sein und der idealen geistigen Sphäre. Bei dem Verhältnis dieser beiden Sphären hat die ideal geistige Sphäre ihrerseits außer der physischen auch die psychische Sphäre zur Voraussetzung und Grundlage, ohne die sie nicht bestehen kann. Aber auch hier tritt mit dieser höchsten Sphäre wiederum ein Neues, Unerklärbares hinzu.

Es ist nun die Frage zu erörtern, ob auch in der Richtung nach unten zwischen organischem und anorganischem Sein ein ähnliches irrationales metaphysisches Verhältnis besteht, mit anderen Worten, ob auch hier mit dem Organischen dem Anorganischen gegenüber neue spezifische Momente verbunden sind, die sich nicht restlos aus dem Anorganischen (physikalisch-chemischen) Geschehen ableiten lassen. Die Frage ist bekannt unter dem Schlagwort des *Mechanismus-Vitalismus-Problems*. Doch entsprechen diese sehr ungeschickt gewählten Begriffe nicht ganz zutreffend dem hier gemeinten Sachverhalt. Denn einmal ist unter mechanistisch nicht im Sinne der Physik das dem engeren mechanischen Gebiet Entscheidende gemeint, sondern das Kausalgesetzlich- resp. Physikalisch-Chemische, und andererseits — und das ist das wesentliche — begnügt sich der Vitalismus nicht mit der schlichten Feststellung und Anerkennung eines Neuen, Unerkennbaren, also irrational Metaphysischen, sondern will in seinen verschiedenen Ausprägungen zugleich das dabei als bereits festgestellt angenommene Neue erklären, verständlich machen, was aber nur in rein spekulativer, metaphysisch überlasteter Weise möglich ist und daher wissenschaftlich zu keinen Ergebnissen führt.

Fraglos bestehen nun im Phänomen der beiden Seiten der körperlichen raumzeitlichen Welt des Anorganischen und des Organismischen ganz wesentliche Unterschiede, wie in dem Abschnitt IV. A (s. S. 77) eingehend geschildert ist. Dabei wurde auch an jener Stelle bereits eine besondere Schicht des Lebendigen gegenüber dem Anorganischen angenommen. Erstere setzt zwar unbedingt die Schicht des Anorganischen (Leblosen) voraus, doch wird diese untere Schicht von der höheren lebendigen überbaut und überformt. Es scheint in der Tat dasselbe Verhältnis vorzuliegen wie zwischen den oben erörterten beiden Sphärenverhältnissen. Die niedere Sphäre, die des anorganischen (physikalisch-chemischen) Geschehens, ist auch hier die Grundlage und Voraussetzung der höheren Sphäre des Organischen, die die erstere überbaut und überformt. Und auch hier läßt sich diese höhere Schicht (abgesehen von dem allem körperlichen Sein, also dem dem Organischen und Anorganischen gemeinsamen Irrationalen) gerade in seinen für sie am meisten charakteristischen Eigenschaften nicht restlos aus dem anorganischen Geschehen ableiten und erklären.

Und doch bestehen gegenüber den zwischen den höheren Schichten waltenden Beziehungen hier zwischen Anorganischem und Organischem, wesentliche Unterschiede. Der eine, weniger schwerwiegende, ist der, daß die Kluft zwischen Organischem und Anorganischem, rein vom Phänomen aus gesehen, in den letzten Jahren geringer geworden ist. Durch die neuen Untersuchungen über *Viren* sind für diese ursprünglich als nichtlebend angesehenen körperlichen Systeme, die sich in den Zellen von Organismen finden, Eigentümlichkeiten bekannt geworden, die bisher nur lebenden körperlichen Systemen, also Organismen zukommen. Die Viren haben sich, wie oben S. 80 ausgeführt, als einfachste, aus einem einzigen Riesenmolekül bestehende, niederste Ausprägung von Lebewesen, als Modelle einfachsten lebenden Geschehens erwiesen. Trotzdem können, wie wir sahen, die Viren nicht als direkte Bindeglieder zu anorganischen Gefügen betrachtet werden, und die Kluft liegt nicht zwischen Viren und Lebewesen, sondern zwischen Viren und Anorganischem.

Von weit größerer Reichweite und Bedeutung ist ein anderer Unterschied gegenüber dem Verhältnis der höheren Schichten zueinander. Bei dem Verhältnis zwischen Physischem und Psychischem läßt sich nicht nur ontologisch im Phänomen die Wesensverschiedenheit zeigen, es läßt sich auch gnoseologisch beweisen, daß weder die Erscheinungen der höheren Sphäre aus der niederen, noch die der niederen aus der höheren erklärt und verstanden werden können. Ein derartiger Nachweis ist dagegen bei dem Verhältnis vom Organischen zum Anorganischen nicht möglich. Für die auch nach Kenntnis der Viren noch bestehende Kluft im Phänomen des Anorganischen und Organismischen besteht nämlich die Denkmöglichkeit, daß die Erscheinungen des Organismischen, wenn auch wohl nie praktisch, so doch im Prinzip aus den Bedingungen der ihnen zugrunde liegenden anorganischen (physikalisch-chemischen) Vorgänge erklärt werden könnten, und daß nur die außerordentliche Komplexheit des organischen Gegenstandes gegenüber der des anorganischen die Erklärung und das Verständnis unmöglich mache. Diese Komplexheit ist allerdings beim lebenden Gegenstand eine ganz ungeheuere. So hat die Genphysiologie nachgewiesen, daß zur Bildung einer einzigen Aminosäure schon eine ganze Kette von Genen und Fermenten notwendig ist (so z. B. für die Aminosäure Arginin sieben verschiedene Gene). Ähnlich komplizierte Stoffketten, die von Genen abhängig sind, finden sich bei Insekten für die Bildung eines einzigen Pigmentstoffes. Wenn man bedenkt, daß für die am eingehendsten genetisch untersuchte Fliege *Drosoplila* bisher über 400 Gene nachgewiesen sind und ihre Zahl auf etwa 5—10 000 geschätzt werden kann, so begreift man, daß eine vollständige Erkenntnis der Formbildung dieser kleinen Fliege, wenn sie auch prinzipiell möglich sein könnte, praktisch unmöglich ist. Und ähnliches gilt für die scheinbar einfachen, für alle Lebewesen notwendigen Atmungs-, Gärungs-, Assimilations- usw. Vorgänge.

Derartige Überlegungen führen zu dem Schluß, daß eine völlige Ableitung des organischen Geschehens vom Anorganischen, ein völliges Zurückführen auf physikalisch-chemisches Geschehen auch für den einfachsten Organismus wohl für immer unmöglich sein wird, auch wenn es prinzipiell möglich sein könnte. Es kann daher auch niemals die Ansicht völlig widerlegt werden, daß mit dem Auftreten des Organischen völlig neue Momente erscheinen, es somit als eine das Anorganische überbauende und überformende besondere Seinsschicht anzusprechen sei. Noch weniger aber kann die entgegengesetzte Ansicht widerlegt werden, daß das Organische sich im Prinzip auf Anorganisches, Physikalisch-Chemisches zurückführen lasse. Denn während diese Ansicht mit fortschreitender Erkenntnis biologischer Erscheinungen, die immer nur ein rationales kausalgesetzliches Erfassen des organischen Gegenstandes sein kann, wenigstens an Wahrscheinlichkeit gewinnt (s. oben S. 84), gibt es für die entgegengesetzte Ansicht — nennen wir sie die organismische, um den zuviel sagenden, metaphysich belasteten Begriff vitalistisch zu vermeiden —, so gibt es für sie überhaupt keine Erkenntnisinstanz, kein Kriterium, das, wie beim Verhältnis der psycho-physischen Sphären, nur irgendwelchen Hinweis auf ein ähnliches irrationales Verhältnis liefern könnte. Immerhin kann man das rein Physisch-Biologische mit Nicolai Hartmann ohne Bedenken als eine besondere, das Anorganische überbauende und überformende Schicht ansprechen. Denn die Art und Komplexheit des Lebenden (seine Strukturen, physischen Vorgänge und die teilweise damit verbundenen psychischen Erscheinungen) ist doch derartig, daß sie sich von allem Nichtlebenden abhebt, es überbaut und eigener kategorialer Bestimmungen bedarf.

Aber auch bei Zubilligung einer besonderen Schicht des Organischen wird die bisher meist erörterte Alternative: „Entweder Mechanismus oder Vitalismus", der vorliegenden Sachlage nicht gerecht, oder mit anderen Worten, die Phänomene und Probleme, die der lebendige Gegenstand, die Welt des Organischen, in physiologischer Hinsicht darbieten, müssen jenseits der Fragestellung von Mechanismus und Vitalismus in ihrer unendlichen Prozeßhaftigkeit ermittelt und erforscht werden, was nur mit den gleichen kausalanalytischen Methoden der Forschung, dem vierfachen Methodengefüge der generalisierenden und exakten Induktion, geschehen kann wie in der Welt des Anorganischen. Methodologisch sind eben die Probleme des physischen Lebens wissenschaftlich nicht anders angreifbar und zu bearbeiten. Das lassen die biologischen Beispiele, die im II. Hauptteil zur Darstellung gelangten, zur Genüge erkennen. Wenn man nun, wie das häufig von vitalistischer Seite geschieht, Philosophen (z. B. Bruno Bauch und Heinrich Mayer) und Biologen, die aus erkenntnistheoretischen und methodologischen Gründen für die Erforschung der physischen Seite des Lebens nur die gleiche Art der Kausalforschung wie in der Physik anerkennen, als Mechanisten bezeichnet, so ist das nicht richtig. Denn diese Forscher machen keine Aussagen über das Wesen und Sein des Organischen. Sie leugnen weder den Ganzheitscharakter der biologischen Systeme, noch die Tatsache, daß dem Leben in seinen höchsten Ausprägungen, besonders beim Menschen, noch eine psychische Seite zukommt, die trotz der Einheit des psychophysischen Wesens des Menschen nicht aus dem Physisch-organischen und mit den für dieses geltenden Methoden erklärbar ist.

2. Kritik des Mechanismus und Vitalismus

Nach der im vorstehenden gegebenen Klarstellung des Phänomens und Problems, das in der Mechanismus-Vitalismus-Frage vorliegt, sind zugleich die Voraussetzungen zur Kritik des Mechanismus wie des Vitalismus gegeben.

a) Mechanismus

Eingehendere Begründungsversuche einer ausgesprochen mechanistischen Auffassung des Lebendigen sind seit der Jahrhundertwende nur ganz selten hervorgetreten. Am bekanntesten ist der von Schultz. Bei der ungeheuren Lückenhaftigkeit auf jedem der wesentlichen Teilgebiete der Wissenschaften vom Leben kann natürlich nicht die Rede davon sein, auch nur für ein einziges Teilgebiet die Wahrscheinlichkeit einer kausalen, noch weniger einer physikalisch-chemischen Erklärung aufzeigen zu können. Die Versuche (auch der von Schultz) schlagen daher meist folgenden Weg ein: man nimmt rein spekulativ an, die „lebende Substanz" bestünde, ähnlich wie die Materie aus Atomen, aus letzten lebenden Elementarbestandteilen, denen lateinische oder griechische Namen gegeben werden (wie Biogene, Dominanten usw.). Diesen Elementen schreibt man nun alle für das Leben wichtige und wesenhafte Fähigkeiten zu, so Assimilation und Dissimilation, Fortpflanzung, Formbildungsvermögen usw. Die so rein spekulativ mit derartigen Eigenschaften ausgestatteten Elemente können dann natürlich alles für das lebende Gesamtsystem leisten, was die Phänomene von ihm verlangen. Denn die auftretenden, unerklärten biologischen Fähigkeiten werden ja rein spekulativ von vornherein den ad hoc angenommenen, nicht nachweisbaren Elementen zugeschrieben. Für das Zutreffen derart handgreiflicher metaphysischer Spekulationen gibt es überhaupt keine Möglichkeit einer künftigen Beweisführung, und gegen die Möglichkeit des Vorhandenseins derartiger Elemente spricht schon von vornherein jede sachliche Prüfung der Phänomene der Vorgänge am Lebenden; sie sind natürlich wissenschaftlich wertlos, sie tragen den Stempel des Unmöglichen von vornherein auf der Stirne, und es ist nur zu verwundern, daß sie ganz ernst genommen und von vitalistischer Seite zu widerlegen versucht werden.

Aber auch alle ernsthaft zu nehmenden Versuche, aus der lebendigen Forschung selbst heraus die mechanistische Erklärung des biologischen Geschehens wahrscheinlich zu machen, reichen bei der schon erwähnten Lückenhaftigkeit der Befunde zur Zeit nicht aus, um eine solche Wahrscheinlichkeit wirklich näher zu begründen, da ja auch die Denkmöglichkeit einer vitalistischen Deutung besteht. Nur das allein kann zugunsten einer kausalistischen Auffassung des Organischen angeführt werden, daß nur durch kausalgesetzliche (mechanistische) Forschung weitere Erkenntnisse auf ihrem Gebiet erzielt werden können, womit aber die alleinige Geltung kausaler Kategorien für den organischen Gegenstand natürlich nicht bewiesen ist.

b) Vitalismus

Nachdem in der zweiten Hälfte des 19. Jahrhunderts die mechanistische Auffassung der Organismen, d. h. die Lehre, daß die organischen Körper und organischen Vorgänge sich im Prinzip kausal auf letzte materielle Elemente zurückführen, also letztlich physikalisch erklären lassen, nahezu allgemein die herrschende war, ist etwa seit der Jahrhundertwende ein allmählicher Umschwung eingetreten, und die allgemeinbiologische Literatur der ersten Jahrzehnte unseres Jahrhunderts ist zum großen Teil vitalistisch eingestellt. Unter sich sind diese vitalistischen Lehren zum Teil sehr verschiedenartig, und sie stimmen in der Regel nur darin überein, daß das Organische nicht mechanistisch erklärt werden kann. Den größten Einfluß auf diese Entwicklung haben die Schriften von Hans Driesch ausgeübt, der wohl der bedeutendste Vertreter des Neovitalismus ist. Nur mit dessen Vitalismus soll hier eine Auseinandersetzung erfolgen. Diese Beschränkung ist um so mehr gerechtfertigt, als Driesch selbst die Unbegründetheit und Vagheit der anderen vitalistischen Lehren aufs schärfste dargetan hat (so besonders die psychovitalistischen Lehren). Zu den letzteren gehören auch die neueren, sogenannten organismischen Auffassungen, die von ihren Vertretern als jenseits der Alternative Vitalismus oder Mechanismus stehend ausgegeben werden, die aber in Wirklichkeit nur einen versteckten oder verwaschenen Vitalismus darstellen. Die Schlagworte Ganzheit und Synthese, auf die man sich beruft, sind ganz und gar nicht ausreichend, eine autonome Eigengesetzlichkeit des Lebendigen zu begründen, wie auch D r i e s c h, der Urheber des Ganzheitsbegriffes ausgeführt hat. Ganzheit ist ja etwas Zusammengesetztes, „Wohlgeordnetes", was erst eine Erklärung erheischt. Sie schließt eine Problemstellung in sich, die eine Lösung verlangt, und sie kann daher nicht von sich das Problem des Lebens lösen. Nur wenn „wohlgeordnete" organische Sachganze, nicht mechanistisch, kausalgesetzlich erklärt werden können (wie D r i e s c h das glaubt bewiesen zu haben), und somit eine Eigengesetzlichkeit des Lebens und besondere vitale Faktoren zu seiner Erklärung angenommen werden müssen, findet der Begriff Ganzheit nach D r i e s c h seine Erfüllung und zugleich seine Berechtigung. Wirkliche wissenschaftliche Aussagen können auch nach D r i e s c h nur durch gründliche Analysen gemacht werden, und das Reden von synthetischer Biologie und Ganzheit bleibt an der Oberfläche und entbehrt wissenschaftlicher Haltung.

Alle solche Fehler vermeidet der D r i e s c h sche Vitalismus. Er schaltet logischerweise auch jedes Eingreifen irgendwie gearteter vitaler Faktoren in den Mechanismus der Kausalität (wie es der Psychovitalismus tut) selbst aus und läßt der Kausalforschung die unbeschränkte Betätigung zukommen. Andererseits ist er aber der Überzeugung, daß die Ganzheitserscheinungen der Lebewesen, vor allem die, welche uns bei den Formbildungprozessen und den tierischen Handlungen entgegentreten, rein mechanistisch-kausalgesetzlich nicht erklärt werden können, daß daher bei den Lebensvorgängen eine besondere Eigengesetzlichkeit bestehe und vitale Faktoren zur Geltung kämen. Die besondere Eigengesetzlichkeit gibt sich nach Driesch darin kund, daß nichträumliche „Werdebestimmer", die er mit dem aristotelischen Ausdruck „Entelechien" bezeichnet, das materielle Geschehen der Lebensvorgänge so regeln, daß sie nicht beliebig, sondern planmäßig, ganzheitsherstellend verlaufen.

Die logische Rechtfertigung der Möglichkeit des Vitalismus in dieser Form ist ohne weiteres zuzugeben. Wenn man das fraglos im Biologischen bestehende unbekannte und vielleicht auch unerkennbare „X" Entelechie nennt, die Entelechie also als einen Grenzbegriff gegen das Unerforschte, eventuell unerforschbare Irrationale annimmt, wie das Ungerer tut, so läßt sich dagegen nichts einwenden. Aber Driesch behauptet mehr. Er behauptet, daß solche besonderen vitalen Naturfaktoren vorausgesetzt werden müssen, und daß der Kausalismus für die Erklärung des Biologischen grundsätzlich versagt.

Driesch glaubt durch Analyse morphogenetischer Vorgänge und des tierischen Handelns direkte Beweise für die Autonomie des Lebens erbracht zu haben. Die Analyse dieser Lebensprozesse ist aber nicht weit genug vorgeschritten, um daraufhin die kausalgesetzliche Unauflösbarkeit derselben behaupten zu können. Die ganze Kausalforschung auf diesen Gebieten steht ja erst in den allerersten Anfängen, die kausalen Erklärungsmöglichkeiten, die Driesch selbst erörtert, sind von verhältnismäßig primitiver Art und erschöpfen sicher nicht alle kausalen Erklärungsmöglichkeiten der Jetztzeit und noch viel weniger die der Zukunft. Die heutige biologische Forschung hat aber über die rein hypothetisch erörterten Möglichkeiten der Formbildung, wie sie Goldschmidt geäußert hat, hinaus bereits in einigen Fällen die stufenweise erfolgende chemische Wirksamkeit einzelner Gene nachgewiesen (s. S. 20). Eine eingehende Auseinandersetzung mit den sogenannten Beweisen von Driesch wäre bei dieser Sachlage nicht notwendig, um so mehr, als auch Ungerer, wohl der bekannteste Driesch-Schüler, endgültige Beweise durch die Drieschschen Formulierungen nicht erbracht sieht. Im Hinblick auf die neueste Entwicklung der Chromosomentheorie der Vererbung sei aber doch darauf näher eingegangen, weil durch sie die von Driesch als „undenkbar" erklärte mechanische Struktur aufgezeigt ist.

Driesch erörtert besonders zwei logische Möglichkeiten einer mechanistischen Formbildungstheorie. Nach der ersten wäre „ein Teil des Ausgangsgebildes, des Eies, eine Maschine (wir würden sagen ein Mechanismus), die mit dem Rest jenes Gebildes und mit den Umweltsfaktoren, die beide für sie „ergreifbar" sind, als mit einem Material, den Ziegeln des Baumeisters entsprechend, arbeiten". Gegen die Möglichkeit dieser Hypothese führt Driesch aus, daß die Eier ja in einer großen Zahl vom mütterlichen Organismus gebildet werden, und daß diese vielen Eier durch Teilung einer Zelle, der Ureizelle, entstanden sind. „Wie, so fragen wir, könnte eine sehr zusammengesetzte, auf die Mannigfaltigkeit des Erwachsenen eingestellte Struktur sich fortgesetzt teilen und dabei immer ganz bleiben? Solches ist undenkbar." „Damit ist auch diese, a priori möglich erscheinende Vermutung des mechanistischen Denkens mit Rücksicht auf die Grundlage des embryologischen Vorganges negativ erledigt" (Driesch, 1935).

Die nach Driesch undenkbare Struktur, die fortgesetzt bei jeder Kern- und Zellteilung sich teilt, ist durch die neuen Erfolge der Chromosomentheorie der Vererbung an den Chromosomen der Speicheldrüsenkerne von *Drosophila* aber exakt aufgezeigt. Die von Morgan und seinen Mitarbeitern erschlossene, schon von Stern u. a. direkt bewiesene lineare Anordnung der Erbfaktoren in den einzelnen Chromosomen ist hier an dem Feinbau der Chromosomen mikroskopisch sichtbar. Derselbe zeigt eine bestimmte Anzahl linear angeordneter Chromomeren, die miteinander durch feine Längsfäden verbunden sind (Bauer). Eine Reihe von ganz bestimmten Erbfaktoren sind bereits mit bestimmten materiellen Teilen der Feinstruktur (Chromomeren) durch Kombination von Mutationsexperiment, Vererbungsversuch und cytologischer Untersuchung identifiziert (Painter, Muller). Die Gesamtheit der Erbfaktoren, die die Vorgänge der Vererbung und den ganzen Entwicklungsablauf des Organismus bestimmen, sind also in einer Feinstruktur mikroskopisch sichtbar, und diese Feinstruktur, die den ganzen Potenzenschatz enthält, wird bei jeder Kern- und Zellteilung der Länge nach halbiert und auf die Tochterzellen verteilt. Die Struktur bleibt also immer ganz, gerade das, was nach Driesch undenkbar ist. Wie das Wachstum und die Teilung dieser Struktur sich vollzieht, das wissen wir allerdings noch nicht; das ist aber auch für die hier interessierende Frage von sekundärer Bedeutung. Wir wissen auch noch nicht viel über die Art und Weise, wie von dieser Struktur aus die Formbildungsvorgänge in dem sich entwickelnden Embryo in Gang gesetzt werden und ablaufen; aber es sind bereits erste Ansätze vorhanden, um auch diese Probleme einer kausalgesetzlichen Erklärung zuzuführen. Das Wesentliche, die Struktur selbst und der Mechanismus ihrer Verteilung, ist nicht mehr wegzuleugnen und somit der von Driesch als undenkbar angenommene Mechanismus erwiesen. Von hier aus erledigen sich auch alle Einwände gegen den Mechanismus, die Driesch von der Theorie der harmonisch-äquipotentiellen Systeme aus abgeleitet hat (zweiter Beweis). Denn wenn bei harmonisch äquipotentiellen Zellgesamtheiten (gefurchter Keim, junge Organanlagen, Fälle von Regeneration) nach Entfernung oder Verlagerung von Teilen (Zellgruppen) durch einen experimentellen Eingriff ohne Beeinträchtigung der Leistungsfähigkeit wieder ein Ganzes wird, so geht eben deshalb „die Maschine, das harmonische System, nicht entzwei", weil jede Zelle den gesamten Potenzenschatz in der Feinstruktur ihrer Chromosomen enthält, wie wir eben gesehen haben.

Damit sind die vom Formbildungsgeschehen aus abgeleiteten Beweise für die Autonomie des Lebendigen von Driesch widerlegt, und sein Vitalismus und seine Entelechie-Lehre erweisen sich als unbegründet, als verfrühte Schlußfolgerungen. Der Vitalist hat nicht die Geduld, dem langsamen Gange der Forschungsarbeit zu folgen, darum führt er Prinzipien ein, wie „Entelechie", „Ganzheit" oder „Planmäßigkeit", denen die teleologische Struktur an der Stirn geschrieben steht. Daß solche Prinzipien in Wirklichkeit nichts erklären, sondern nur die unbestreitbar gegebene „Zweckmäßigkeit" der organischen Einrichtungen kurzerhand in Zwecktätigkeit umdeuten, das bemerkt man nicht. Auf einem Gebiet, auf dem die analytische Erforschung erst am Anfang steht, kann man keine so weitgehende Schlüsse ziehen, wie sie Driesch bei seinen Beweisen gezogen hat. Der Verzicht auf das Entwerfen „eines Systems der Natur (hier der belebten Natur) in einem Zuge" und „die mit unendlicher Geduld durchgeführte restlose Analyse von kleinen Einzelfragen" ist für den Fortschritt der Naturwissenschaft (auch der Biologie) fruchtbarer als die verfrühte Aufstellung einer allgemeinen Theorie des Lebens, wenn sie auch, wie in dem Falle des Vitalismus, von Driesch mit großem Scharfsinn und strenger Logik entwickelt ist.

Nicht die logische Möglichkeit, daß es besondere vitale Eigengesetzlichkeit geben könne, bestreiten wir demnach. Aber wenn man auch Driesch recht geben muß, in seiner Ablehnung eines dogmatischen Mechanismus, der behauptet, alles organische Geschehen sei restlos physikalisch-chemisch auflösbar, so muß doch im Gegensatz zu ihm seine eigene Behauptung abgelehnt werden, daß das Organische prinzipiell nicht mechanistisch, nicht kausalgesetzlich erklärbar sei. Als kritischer Forscher muß man sich in dieser Frage heute mit einem Nichtwissen bescheiden. Aber Eines kann man auch heute bereits mit Sicherheit sagen: Selbst wenn solche von D r i e s c h behauptete, planmäßig wirkende, nichträumliche Werdebestimmer in der organischen Natur tatsächlich wirksam wären, ist es mit den uns Menschen zur Verfügung stehenden Erkenntnismitteln weder jetzt noch in Zukunft möglich, sie in der physischen Natur nachzuweisen. Erkenntnis der physischen Natur kann eben nur mit der Kategorie der Kausalität errungen werden, und es gibt keine anderen Methoden als die der generalisierenden und exakten Induktion, durch deren Anwendung Einzelfälle unter allgemeine Gesetzmäßigkeit gebracht werden.

Namenregister

Sachregister

GESAMTVERZEICHNIS

SAMMLUNG GÖSCHEN

DAS WISSEN DER WELT IN KURZEN KLAREN, ALLGEMEINVERSTÄNDLICHEN EINZELDARSTELLUNGEN NACH DEN LEHRPLÄNEN DER DEUTSCHEN UNIVERSITÄTEN UND HOCHSCHULEN AUFGEBAUT

JEDER BAND DM 2,40

DOPPELBAND DM 4,80

STAND SEPTEMBER 1956

WALTER DE GRUYTER & CO.

BERLIN W 35

INHALTSVERZEICHNIS

Geisteswissenschaften

Philosophie

Einführung in die Philosophie von *H. Leisegang†* 3. Aufl. 145 S. 1956 *(Bd. 281)*

Erkenntnistheorie von *G. Kropp.* 1. Teil: Allgemeine Grundlegung. 143 S. 1950 *(Bd. 807)*

Hauptprobleme der Philosophie von *G. Simmel†.* 7., unveränd. Aufl. 177 S. 1950 *(Bd. 500)*

Geschichte der Philosophie

I: Die griechische Philosophie von *W. Capelle.* 1. Teil. Von Thales bis Leukippos. 2., erw. Aufl. 135 S. 1953 *(Bd. 857)*

II: Die griechische Philosophie von *W. Capelle.* 2. Teil. Von der Sophistik bis zum Tode Platons. 2., stark erw. Aufl. 144 S. 1953 *(Bd. 858)*

III: Die griechische Philosophie von *W. Capelle.* 3. Teil. Vom Tode Platons bis zur alten Stoa. 2., stark erw. Aufl. 132 S. 1954 *(Bd. 859)*

IV: Die griechische Philosophie von *W. Capelle.* 4. Teil. Von der Alten Stoa bis zum Eklektizismus im 1. Jh. v. Chr. 2., stark erw. Aufl. 132 S. 1954 *(Bd. 863)*

V: Die Philosophie des Mittelalters von *J. Koch.* In Vorb. *(Bd. 826)*

VI: Von der Renaissance bis Kant von *K. Schilling.* 234 S. 1954 *(Bd. 394/394a)*

VII: Immanuel Kant von *G. Lehmann.* In Vorb. *(Bd. 536)*

VIII: Die Philosophie des 19. Jahrhunderts von *G. Lehmann.* 1. Teil. 151 S. 1953 *(Bd. 571)*

IX: Die Philosophie des 19. Jahrhunderts von *G. Lehmann.* 2. Teil. 168 S. 1953 *(Bd. 709)*
X: Die Philosophie im ersten Drittel des 20. Jahrhunderts von *G. Lehmann.* In Vorb. *(Bd. 845)*
Die geistige Situation der Zeit (1931) von *K. Jaspers.* 4., unveränd. Abdruck der 1932 bearb. 5. Aufl. 211 S. 1955 *(Bd. 1000)*
Philosophisches Wörterbuch von *M. Apel†.* 4.,unveränd. Aufl. 260 S. 1953 *(Bd. 1031)*
Philosophische Anthropologie. Menschliche Selbstdeutung in Geschichte und Gegenwart von *M. Landmann.* 266 S. 1955 *(Bd. 156/156a)*

Pädagogik, Psychologie Soziologie

Geschichte der Pädagogik von *H. Weimer.* 12. Aufl. 177 S. 1956 *(Bd. 145)*
Therapeutische Psychologie. Ihr Weg durch die Psychoanalyse von *W. M. Kranefeldt.* Mit einer Einführung von *C. G. Jung.* 3., unveränd. Aufl. 152 S. 1956 *(Bd. 1034)*
Allgemeine Psychologie von *Th. Erismann.* 1956. In Vorb. *(Bd. 852)*
Soziologie. Geschichte und Hauptprobleme von *L. von Wiese.* 5. Aufl. 162 S. 1954 *(Bd. 101)*
Sozialpsychologie von *P. R. Hofstätter.* 181 S., 15 Abb., 22 Tab. 1956. *(Bd. 104/104a)*
Psychologie des Berufs- und Wirtschaftslebens von *W. Moede.* 1956. In Vorb. *(Bd. 851)*
Industrie- und Betriebssoziologie von *R. Dahrendorf.* 120 S. 1956 *(Bd. 103)*

Religionswissenschaften

Jesus von *M. Dibelius†.* 2. Aufl. Unveränd. Nachdr. 137 S. 1949 *(Bd. 1130)*
Paulus von *M. Dibelius†.* Nach dem Tode des Verfassers herausgegeben und zu Ende geführt von *W. G. Kümmel.* 2. Aufl. 155 S. 1956 *(Bd. 1160)*
Römische Religionsgeschichte von *F. Altheim.* 2 Bde. 2., umgearb. Aufl.
I: Grundlagen und Grundbegriffe. 116 S. 1956 *(Bd. 1035)*
II: Der geschichtliche Ablauf. 164 S. 1956 *(Bd. 1052)*

Musik

Musikästhetik von *H. J. Moser.* 180 S. 1953 *(Bd. 344)*
Systematische Modulation von *R. Hernried.* 2. Aufl. 136 S. 1950 *(Bd. 1094)*
Der polyphone Satz von *E. Pepping.* 2 Bde. 1. Teil: Der cantus-firmus-Satz. 2.Aufl. 223 S. 1950 *(Bd. 1148)*
Allgemeine Musiklehre von *H. J. Moser.* 2., durchges. Aufl. 155 S. 1955 *(Bd. 220/220a)*
Harmonielehre von *H. J. Moser.* 2 Bde. I: 109 S. 1954 *(Bd. 809)*
Die Musik des 19. Jahrhunderts von *W. Oehlmann.* 180 S. 1953 *(Bd. 170)*
Die Musik des 20. Jahrhunderts I. von *W. Oehlmann.* In Vorb. *(Bd. 171)*
Technik der deutschen Gesangskunst von *H. J. Moser.* 3., durchges. und verb. Aufl. 144 S., 5 Fig. 1954 *(Bd. 576/576a)*
Die Kunst des Dirigierens von *H. W. von Waltershausen†.* 2. Aufl. 138 S. 1954 *(Bd. 1147)*
Die Technik des Klavierspiels aus dem Geiste des musikalischen Kunstwerkes von *K. Schubert†.* 3. Aufl. 110 S. 1954 *(Bd. 1045)*

Kunst

Stilkunde von *H. Weigert.* 2 Bde. 2. Aufl.
I: Vorzeit, Antike, Mittelalter. 136 S., 94 Abb. 1953 *(Bd. 80)*
II: Spätmittelalter und Neuzeit. 146 S., 84 Abb. 1953 *(Bd. 781)*
Archäologie von *A. Rumpf.* 2. Bde.
I: Einleitung, historischer Überblick. 143 S., 6 Abb., 12 Taf. 1953 *(Bd. 538)*
II: Die Archäologensprache. Die antiken Reproduktionen. 136 S., 7 Abb., 12 Taf. 1956 *(Bd. 539)*

Geschichte

Einführung in die Geschichtswissenschaft von *P. Kirn.* 2. Aufl. 121 S. 1952 *(Bd. 270)*
Zeitrechnung d. röm. Kaiserzeit,

des Mittelalters und der Neuzeit für die Jahre von 1–2000 n. Chr. von *H. Lietzmann* †. 3., durchges. Aufl. von *K. Aland.* 1956. In Vorb. *(Bd. 1085)*

Kultur der Urzeit von *F. Behn.* 3 Bde. 4. Aufl. der „Kultur der Urzeit". Bd. I—III von *M. Hoernes.*

I: Die vormetallischen Kulturen. (Die Steinzeiten Europas. Gleichartige Kulturen in anderen Erdteilen). 172 S., 48 Abb. 1950 *(Bd. 564)*

II: Die älteren Metallkulturen. (Der Beginn der Metallbenutzung. Kupfer- und Bronzezeit in Europa, im Orient und in Amerika). 160 S., 67 Abb. 1950 *(Bd. 565)*

III: Die jüngeren Metallkulturen. (Das Eisen als Kulturmetall. Hallstatt-Latène-Kultur in Europa. Das erste Auftreten des Eisens in den anderen Erdteilen). 149 S., 60 Abb. 1950 *(Bd. 566)*

Vorgeschichte Europas von *F. Behn.* Völlig neue Bearbeitung der 7. Aufl. der „Urgeschichte der Menschheit" von *M. Hoernes.* 125 S., 47 Abb. 1949 *(Bd. 42)*

Von den Karolingern zu den Staufern von *J. Haller.* Die altdeutsche Kaiserzeit (900—1250). 3. Aufl. 141 S., 4 Ktn. 1944 *(Bd. 1065)*

Deutsche Geschichte im Zeitalter der Reformation, der Gegenreformation und des 30jährigen Krieges von *F. Hartung.* 129 S. 1951 *(Bd. 1105)*

Deutsche Geschichte von 1648 bis 1740 von *W. Treue.* 120 S. 1956 *(Bd. 35)*

Deutsche Geschichte von 1713 bis 1806 von *W. Treue.* In Vorb. *(Bd. 39)*

Quellenkunde der deutschen Geschichte im Mittelalter (bis zur Mitte des 15. Jahrhunderts) von *K. Jacob* †. 3 Bde.

I: Einleitung. Allgemeiner Teil. Die Zeit der Karolinger. 5. Aufl. 118 S. 1949 *(Bd. 279)*

II: Die Kaiserzeit (911—1250). 4. Aufl. 127 S. 1949 *(Bd. 280)*

III: Das Spätmittelalter (vom Interregnum bis 1500). Herausgeg. von *F. Weden.* 152 S. 1952 *(Bd. 284)*

Geschichte Englands von *H. Preller.*

I: bis 1815. 3., stark umgearb. Aufl. 135 S., 7 Stammtaf., 2 Ktn. 1952 *(Bd. 375)*

II: von 1815 bis 1910. 2., völlig umgearb. Aufl. 118 S., 1 Stammtaf., 7 Ktn. 1954 *(Bd. 1088)*

Römische Geschichte von *F. Altheim.* 4 Bde. 2., verb. Aufl.

I: Bis zur Schlacht bei Pydna (168 v. Chr.). 123 S. 1956 *(Bd. 19)*

II: Bis zur Schlacht bei Actium (31 v. Chr.). 130 S. 1956 *(Bd. 677)*

Geschichte der Vereinigten Staaten von Amerika von *O. Graf zu Stolberg-Wernigerode.* 192 S., 10 Ktn. 1956 *(Bd. 1051/1051a)*

Deutsche Sprache und Literatur

Deutsches Rechtschreibungswörterbuch von *M. Gottschald.* 2., verb. Aufl. 269 S. 1953 *(Bd. 200/200a)*

Deutsche Wortkunde. Eine kulturgeschichtliche Betrachtung des deutschen Wortschatzes von *A. Schirmer.* 3., durchges. Aufl. 109 S. 1949 *(Bd. 929)*

Deutsche Sprachlehre von *W. Hofstaetter.* 9., neubearb. Aufl. von *G. Spree.* 144 S. 1953 *(Bd. 20)*

Stimmkunde für Beruf, Kunst und Heilzwecke von *H. Biehle.* 111 S. 1955 *(Bd. 60)*

Redetechnik. Einführung in die Rhetorik von *H. Biehle.* 115 S. 1954 *(Bd. 61)*

Sprechen und Sprachpflege (Die Kunst des Sprechens) von *H. Feist.* 2., verb. Aufl. 99 S., 25 Abb. 1952 *(Bd. 1122)*

Deutsches Dichten und Denken von der germanischen bis zur staufischen Zeit von *H. Naumann.* (Deutsche Literaturgeschichte vom 5.—13. Jahrhundert). 2., verb. Aufl. 166 S. 1952 *(Bd. 1121)*

Deutsches Dichten und Denken vom Mittelalter zur Neuzeit von *G. Müller* (1270—1700). 2., durchges. Aufl. 159 S. 1949 *(Bd. 1086)*

Der Nibelunge Nôt in Auswahl mit kurzem Wörterbuch von *K. Langosch.* 10., durchges. Aufl. 164 S. 1956 *(Bd. 1)*

Kudrun- und Dietrichepen in Auswahl mit Wörterbuch von *O. L. Jiriczek.* 2. Aufl. bearb. von *R. Wisniewski.* 1956. In Vorb. *(Bd. 10)*

Wolfram von Eschenbach. Parzifal. Eine Auswahl mit Anmerk. und Wörterbuch. Von *H. Jantzen.* 2. Aufl., bearb. von *H. Kolb.* 1956. In Vorb. *(Bd. 921)*

Die deutschen Personennamen von *M. Gottschald.* 2., verb. Aufl. 151 S. 1955 *(Bd. 422)*

Althochdeutsches Elementarbuch von *H. Naumann*† und *W. Betz.* 2. Aufl. 156 S. 1954 *(Bd. 1111)*

Mittelhochdeutsche Grammatik von *H. de Boor* und *R. Wisniewski.* 141 S. 1956 *(Bd. 1108)*

Indogermanisch, Germanisch

Gotisches Elementarbuch. Grammatik, Texte mit Übersetzung und Erläuterungen von *H. Hempel.* 2., umgearb. Aufl. 165 S. 1953 *(Bd. 79)*

Indogermanische Sprachwissenschaft von *H. Krahe.* 3. Aufl. 1956. In Vorb. *(Bd. 59)*

Germanische Sprachwissenschaft von *H. Krahe.* 2 Bde. 3. Aufl.
I: Einleitung und Lautlehre. 135 S. 1956. In Vorb. *(Bd. 238)*

Altnordisches Elementarbuch von *F. Ranke.* Schrifttum, Sprache, Texte mit Übersetzung und Wörterbuch. 2., durchges. Aufl. 146 S. 1949 *(Bd. 1115)*

Englisch, Französisch Italienisch

Altenglisches Elementarbuch von *M. Lehnert.* Einführung, Grammatik, Texte mit Übersetzung und Wörterbuch. 3., verb. Aufl. 178 S. 1955 *(Bd. 1125)*

Historische neuenglische Laut- und Formenlehre von *E. Ekwall.* 3., durchges. Aufl. 150 S. 1956 *(Bd. 735)*

Englische Phonetik von *H. Mutschmann* †. 1956. In Vorb. *(Bd. 601)*

Englische Literaturgeschichte. 4 Bde.
I: Die alt- und mittelenglische Periode v. *F. Schubel.* 163 S. 1954 *(Bd. 1114)*
II: Von der Renaissance bis zur Aufklärung von *F. Schubel.* 160 S. 1956 *(Bd. 1116)*
III: Romantik und Viktorianismus von *P. Meissner*†. 150 S. 1938 *(Bd. 1124)*
IV: Das 20. Jahrhundert von *P. Meissner*†. 150 S. 1939 *(Bd. 1136)*

Beowulf von *M. Lehnert.* Eine Auswahl mit Einführung, teilweiser Übersetzung, Anmerkungen und etymologischem Wörterbuch. 2., verb. Aufl. 135 S. 1949 *(Bd. 1135)*

Shakespeare von *P. Meissner*†. 2. Aufl. neubearb. von *M. Lehnert.* 136 S. 1954 *(Bd. 1142)*

Italienische Literaturgeschichte von *K. Vossler*†. Unveränd. Nachdr. der 1927 erschien. 4., durchges. und verb. Aufl. 148 S. 1948 *(Bd. 125)*

Romanische Sprachwissenschaft von *H. Lausberg.* 2 Bde.
I: Einleitung und Vokalismus. 160 S. 1956 *(Bd. 128/128a)*
II: Konsonantismus. 95 S. 1956 *(Bd. 250)*

Griechisch, Lateinisch

Griechische Sprachwissenschaft von *W. Brandenstein.* 2 Bde.
I: Einleitung, Lautsystem, Etymologie. 160 S. 1954 *(Bd. 117)*

Geschichte der griechischen Sprache. 2 Bde.
I: Bis zum Ausgang der klassischen Zeit von *O. Hoffmann*†. 3. Aufl. bearb. von *A. Debrunner.* 156 S. 1954 *(Bd. 111)*
II: Grundfragen und Grundzüge des nachklass. Griechisch. Von *A. Debrunner.* 144 S. 1954 *(Bd. 114)*

Geschichte der griechischen Literatur von *W. Nestle.* 2 Bde. 2., verb. Aufl.
I: Von den Anfängen bis auf Alexander d. Gr. 148 S. 1950 *(Bd. 70)*
II: Von Alexander d. Gr. bis zum Ausgang der Antike. 128 S. 1948 *(Bd. 557)*

Geschichte der lateinischen Sprache von *F. Stolz*†. 3., stark umgearb. Auflage von *A. Debrunner.* 136 S. 1953 *(Bd. 492)*

Hebräisch, Sanskrit, Russisch

Hebräische Grammatik von *G. Beer*†. 2 Bde. 2., völlig neub. Aufl. von *R. Meyer*
I: Schrift-, Laut- und Formenlehre I. 157 S. 1952 *(Bd. 763/763a)*
II: Formenlehre II. Syntax und Flexionstabellen. 195 S. 1955 *(Bd. 764/764a)*

Sanskrit-Grammatik von *M. Mayrhofer*. 89 S. 1953 *(Bd. 1158)*
Russische Grammatik von *E. Berneker*. 6., unveränd. Aufl. von *M. Vasmer*. 155 S. 1947 *(Bd. 66)*

Erd- und Länderkunde

Afrika von *F. Jaeger*. Ein geograph. Überblick. 2 Bde. 2., umgearb. Aufl.
I: Der Lebensraum. 179 S., 18 Abb. 1954 *(Bd. 910)*
II: Mensch und Kultur. 155 S., 6 Abb. 1954 *(Bd. 911)*
Iberoamerika von *O. Quelle*. In Vorb. *(Bd. 856)*
Australien und Ozeanien von *H. J. Krug*. 176 S., 46 Skizz. 1953 *(Bd. 319)*
Kartenkunde von *M. Eckert-Greifendorff*†. 3., durchges. Aufl. von *W. Kleffner*. 149 S., 63 Abb. 1950 *(Bd. 30)*

Volkswirtschaft, Publizistik

Allgemeine Betriebswirtschaftslehre von *K. Mellerowicz*. 3 Bde. 9., unveränd. Aufl.
I: 142 S. 1956 *(Bd. 1008)*
II: 112 S. 1956 *(Bd. 1153)*
III: 143 S. 1956 *(Bd. 1154)*
Allgemeine Volkswirtschaftslehre von *A. Paulsen*. 4 Bde.
I: Grundlegung, Wirtschaftskreislauf. 138 S. 1956 *(Bd. 1169)*
II: Haushalte, Unternehmungen, Marktformen. In Vorb. *(Bd. 1170)*
III: Produktionsfaktoren, Geldwesen. In Vorb. *(Bd. 1171)*
IV: Konjunktur, Außenhandel, staatliche Aktivität. In Vorb. *(Bd. 1172)*
Zeitungslehre von *E. Dovifat*. 2 Bde. 3., neubearb. Aufl.
I: Theoretische und rechtliche Grundlagen — Nachricht und Meinung — Sprache und Form. 148 S. 1955 *(Bd. 1039)*
II: Redaktion — Die Sparten Verlag und Vertrieb, Wirtschaft und Technik, Sicherung der öffentlichen Aufgabe. 158 S. 1955 *(Bd. 1040)*

Naturwissenschaften

Mathematik

Geschichte der Mathematik von *J. E. Hofmann*. 3 Bde.
I: Von den Anfängen bis zum Auftreten von Fermat und Descartes. 200 S. 1953 *(Bd. 226)*
II: In Vorb. *(Bd. 875)*
III: In Vorb. *(Bd. 882)*
Mathematische Formelsammlung von *F. Ringleb*. Vollst. umgearb. Neuausg. des Werkes von *O. Th. Bürklen*. 6., durchges. Aufl. 280 S., 57 Fig. 1956 *(Bd. 51/51 a)*
Fünfstellige Logarithmen von *A. Adler*. Mit mehreren graphischen Rechentafeln und häufig vorkommenden Zahlwerten. 2. Aufl. Neudr. 127 S., 1 Taf. 1949 *(Bd. 423)*
Höhere Algebra von *H. Hasse*. 2 Bde. 3., verb. Aufl.
I: Lineare Gleichungen. 152 S. 1951 *(Bd. 931)*
II: Gleichungen höheren Grades. 158 S., 5 Fig. 1951 *(Bd. 932)*
Aufgabensammlung zur höheren Algebra von *H. Hasse* und *W. Klobe*. 2., verb. und verm. Aufl. 181 S. 1952 *(Bd. 1082)*
Elementare und klassische Algebra vom modernen Standpunkt von *W. Krull*. 2 Bde. 2., erw. Aufl.
I: 136 S. 1952 *(Bd. 930)*
Einführung in die Zahlentheorie von *A. Scholz*†. Überarb. und herausgeg. von *B. Schoeneberg*. 2. Aufl. 128 S. 1955 *(Bd. 1131)*
Elemente der Funktionentheorie von *K. Knopp*. 4. Aufl. 144 S., 23 Fig. 1955 *(Bd. 1109)*
Funktionentheorie von *K. Knopp*. 2 Bde.
I: Grundlagen der allgem. Theorie der analytischen Funktionen. 8. Aufl. 139 S., 8 Fig. 1955 *(Bd. 668)*
II: Anwendungen und Weiterführung der allgemeinen Theorie. 8./9. Aufl. 130 S., 7 Fig. 1955 *(Bd. 703)*

Aufgabensammlung zur Funktionentheorie von *K. Knopp*. 2 Bde. 4. Aufl.
I: Aufgaben zur elementaren Funktionentheorie. 135 S. 1949 *(Bd. 877)*
II: Aufgaben zur höheren Funktionentheorie. 151 S. 1949 *(Bd. 878)*
Repetitorium und Aufgabensammlung zur Differentialrechnung von *A. Witting*†. 2., neub. Aufl. Durchges. Neudr. 145 S. 1949 *(Bd. 146)*
Repetitorium und Aufgabensammlung zur Integralrechnung von *A. Witting*†. 2., neubearb. Aufl. Durchges. Neudr. 121 S., 32 Fig., 309 Beisp. 1949 *(Bd. 147)*
Gewöhnliche Differentialgleichungen von *G. Hoheisel*. 5. Aufl. 129 S. 1956. *(Bd. 920)*
Partielle Differentialgleichungen v. *G. Hoheisel*. 3., neub. Aufl. 130 S. 1953 *(Bd. 1003)*
Aufgabensammlung zu den gewöhnlichen und partiellen Differentialgleichungen von *G. Hoheisel*. 2., umgearb. Aufl. 124 S. 1952 *(Bd. 1059)*
Mengenlehre von *E. Kamke*. 3., neub. Auflage. 194 S., 6 Fig. 1955 *(Bd. 999/999a)*
Darstellende Geometrie von *W. Haack*. 3 Bde.
I: Die wichtigsten Darstellungsmethoden. Grund- und Aufriß ebenflächiger Körper. 110 S., 117 Abb. 1954 *(Bd. 142)*
II: Körper mit krummen Begrenzungsflächen. Kotierte Projektionen. 129 S., 86 Abb. *(Bd. 143)*
III: Axonometrie, Perspektive. Photogrammetrie. In Vorb. *(Bd. 144)*
Sammlung von Aufgaben und Beispielen zur analytischen Geometrie der Ebene von *R. Haussner*†. Mit den vollständigen Lösungen. 139 S., 22 Fig. Neudr. 1949 *(Bd. 256)*
Nichteuklidische Geometrie. Hyperbolische Geometrie der Ebene. Von *R. Baldus*†. 3., verb. Aufl., durchges. und herausgeg. von *F. Löbell*. 140 S., 70 Fig. 1953 *(Bd. 970)*
Differentialgeometrie von *K. Strubecker* (früher Rothe). 2 Bde.
I: Kurventheorie der Ebene und des Raumes. 150 S., 18 Fig. 1955 *(Bd. 1113/1113a)*

Einführung in die konforme Abbildung von *L. Bieberbach*. 5., erw. Aufl. 180 S., 42 Fig. 1956. *(Bd. 768/768a)*
Vektoranalysis von *S. Valentiner*. Neudr. der 7. Aufl. (1950). 138 S., 19 Fig. 1954 *(Bd. 354)*
Vermessungskunde von *P. Werkmeister*. 3 Bde.
II: Messung von Horizontalwinkeln. Festlegung von Punkten im Koordinatensystem. Absteckungen. 7. Aufl. 151 S., 93 Fig. 1949 *(Bd. 469)*
III: Trigonometrische und barometrische Höhenmessung. Tachymetrie und Topographie. 6. Aufl. 147 S., 64 Fig. 1949 *(Bd. 862)*
Versicherungsmathematik von *F. Böhm*. 2 Bde.
I: Elemente der Versicherungsrechnung. 3., verm. verb. Aufl. Durchges. Neudr. 151 S. 1954 *(Bd. 180)*
II: Lebensversicherungsmathematik. Einführung in die technischen Grundlagen der Sozialversicherung. 2., verb. Aufl. 205 S. 1953 *(Bd. 917/917a)*

Physik

Einführung in die theoretische Physik von *W. Döring*. 4 Bde.
I: Mechanik. 119 S., 29 Abb. 1954 *(Bd. 76)*
II: Das elektromagnetische Feld. 123 S., 15 Abb. 1955 *(Bd. 77)*
III: Optik. 117 S., 32 Abb. 1956 *(Bd. 78)*
IV: Thermodynamik. 107 S., 9 Abb. 1956. *(Bd. 374)*
Atomphysik von *K. Bechert* und *Ch. Gerthsen*. 7 Bde. 3., umgearb. Aufl.
I: Allgemeine Grundlagen. 1. Teil. 124 S., 55 Abb. 1955 *(Bd. 1009)*
II: Allgemeine Grundlagen. 2. Teil. 112 S., 48 Abb. 1955 *(Bd. 1033)*
III: Theorie des Atombaus. 1. Teil. 148 S., 16 Abb. 1954 *(Bd. 1123/1123a)*
IV: Theorie des Atombaus. 2. Teil. 170 S., 14 Abb. 1954 *(Bd. 1165/1165a)*
Differentialgleichungen der Physik von *F. Sauter*. 2. Aufl. 148 S., 16 Fig. 1950 *(Bd. 1070)*

Physikalische Formelsammlung von *G. Mahler*† und *K. Mahler*. 9., durchges. Aufl. 153 S. mit 69 Fig. 1955 *(Bd. 136)*

Physikalische Aufgabensammlung von *G. Mahler*† und *K. Mahler*. Mit den Ergebn. 8., durchges. Aufl. 127 S. 1955 *(Bd. 243)*

Chemie

Geschichte der Chemie in kurzgefaßter Darstellung von *G. Lockemann*. 2 Bde.
I: Vom Altertum bis zur Entdekkung des Sauerstoffs. 142 S., 8 Bildn. 1950 *(Bd. 264)*
II: Von der Entdeckung des Sauerstoffs bis zur Gegenwart. 151 S., 16 Bildn. 1955 *(Bd. 265/265a)*

Anorganische Chemie von *W. Klemm*. 9., umgearb. Aufl. 180 S. 1956. *(Bd. 37)*

Organische Chemie von *W. Schlenk*. 6., erw. Aufl. 263 S. 1954 *(Bd. 38/38a)*

Allgemeine und physikalische Chemie von *W. Schulze*. 3 Bde. 4., neubearb. Aufl.
I: 139 S., 10 Fig. 1955 *(Bd. 71)*
II: 176 S., 37 Fig. 1956 *(Bd. 698/698a)*
III: 1956. In Vorb. *(Bd. 786)*

Analytische Chemie von *J. Hoppe*. 2 Bde. 5., verb. Aufl.
I: Reaktionen. 135 S. 1950 *(Bd. 247)*
II: Gang der qualitativen Analyse. 166 S. 1950 *(Bd. 248)*

Maßanalyse. Theorie und Praxis der klassischen und der elektrochemischen Titrierverfahren. Von *G. Jander* und *K. F. Jahr*. 303 S., 50 Fig. 1956. *(Bd. 221/221a)*

Thermochemie von *W. A. Roth*. 2., verb. Aufl. 109 S., 16 Fig. 1952 *(Bd. 1057)*

Physikalisch-chemische Rechenaufgaben von *E. Asmus*. 2. Aufl. 95 S. 1949 *(Bd. 445)*

Stöchiometrische Aufgabensammlung. Mit den Ergebn. von *W. Bahrdt*† und *R. Scheer*. 6., durchges. Aufl. 1956. In Vorb. *(Bd. 452)*

Elektrochemie und ihre physikalisch-chemischen Grundlagen von *A. Dassler*. 2 Bde.
I: 149 S., 21 Abb. 1950 *(Bd. 252)*
II: 178 S., 17 Abb. 1950 *(Bd. 253)*

Technologie

Warenkunde von *K. Hassak*† und *E. Beutel*†. 2 Bde. 7. Aufl. Neubearb. von *A. Kutzelnigg*
I: Anorganische Waren sowie Kohle und Erdöl. 116 S., 19 Fig. 1947 *(Bd. 222)*
II: Organische Waren. 143 S., 32 Fig. 1949 *(Bd. 223)*

Die Fette und Öle von *K. Braun*†. 5., völlig neubearb. und verb. Aufl. von *Th. Klug*. 145 S. 1950 *(Bd. 335)*

Die Seifenfabrikation von *K. Braun*†. 3., neubearb. und verb. Aufl. von *Th. Klug*. 116 S., 18 Abb. 1953 *(Bd. 336)*

Textilindustrie
I: Spinnerei und Zwirnerei. Von *A. Blümcke*. 111 S., 43 Abb. 1954 *(Bd. 184)*

Biologie

Einführung in die allgemeine Biologie von *M. Hartmann*. 132 S. 1956. *(Bd. 96)*

Hormone von *G. Koller*. 2., neubearb. und erw. Aufl. 187 S., 60 Abb., 19 Tab. 1949 *(Bd. 1141)*

Fortpflanzung im Tier- und Pflanzenreich von *J. Hämmerling*. 2., erg. Aufl. 135 S., 101 Abb. 1951 *(Bd. 1138)*

Geschlecht und Geschlechtsbestimmung im Tier- und Pflanzenreich von *M. Hartmann*. 2., verb. Aufl. 116 S., 61 Abb., 7 Tab. 1951 *(Bd. 1127)*

Grundriß der allgemeinen Mikrobiologie von *W. Schwartz*. 2 Bde.
I: 104 S 17 Abb. 1949 *(Bd. 1155)*
II: 93 S 12 Abb. 1949 *(Bd. 1157)*

Symbiose der Tiere mit pflanzlichen Mikroorganismen von *P. Buchner*. 2., verb. und verm. Aufl. 130 S. 121 Abb. 1949 *(Bd. 1128)*

Botanik

Entwicklungsgeschichte des Pflanzenreiches von *H. Heil*. 2. Aufl. 138 S. 94 Abb. 1 Tab. 1950 *(Bd. 1137)*

Morphologie der Pflanzen von *L. Geitler*. 3. Aufl. 126 S. 114 Abb. 1953 *(Bd. 141)*

Pflanzenzüchtung von *H. Kuckuck* 2 Bde. 3., völlig umgearb. Aufl.

I: Grundzüge der Pflanzenzüchtung. 132 S. 22 Abb. 1952 *(Bd. 1134)*
Die Laubhölzer. Kurzgefaßte Beschreibung der in Mitteleuropa gedeihenden Laubbäume und Sträucher. Von *F. W. Neger*† und *E. Münch*†. 3., durchges. Aufl. herausgeg. von *B. Huber*. 143 S. 63 Fig. 7 Tab. 1950 *(Bd. 718)*
Die Nadelhölzer (Koniferen) und übrigen Gymnospermen von *F. W. Neger*† und *E. Münch*†. 4. Aufl. Durchges. und erg. von *B. Huber*. 140 S., 75 Fig., 4 Tab., 3 Ktn. 1952 *(Bd. 355)*

Zoologie

Entwicklungsphysiologie der Tiere von *F. Seidel*. 2 Bde.
I: Ei und Furchung. 126 S., 29 Abb. 1953 *(Bd. 1162)*
II: Körpergrundgestalt und Organbildg. 159 S., 42 Abb. 1953 *(Bd. 1163)*
Das Tierreich.
Fische von *D. Lüdemann*. 130 S., 65 Abb. 1955 *(Bd. 356)*
Insekten von *H. von Lengerken*. 128 S., 58 Abb. 1953 *(Bd. 594)*
Lurche (Chordatiere) von *K. Herter*. 143 S., 129 Abb. 1955 *(Bd. 847)*
Spinnentiere (Trilobitomorphen, Fühlerlose) und Tausendfüßler. Von *A. Kaestner*. 96 S., 55 Abb. 1955 *(Bd. 1161)*
Würmer. Platt-, Hohl-, Schnurwürmer, Komptozoen, Ringelwürmer, Protracheaten, Bärtierchen, Zungenwürmer. Von *S. Jaeckel*. 114 S., 36 Abb. 1955 *(Bd. 439)*
Weichtiere. Urmollusken, Schnekken, Muscheln, Kopffüßer. Von *S. Jaeckel*. 92 S., 34 Abb. 1954 *(Bd. 440)*
Stachelhäuter. Tentakulaten, Binnenatmer u. Pfeilwürmer. Von *S. Jaeckel*. 100 S., 46 Abb. 1955 *(Bd. 441)*
Schwämme und Hohltiere von *H. J. Hannemann*. 95 S., 80 Abb. 1956 *(Bd. 442)*
Krebse (Crustacea) von *H. E. Gruner* und *K. Deckert*. 114 S., 43 Abb. 1956 *(Bd. 443)*
Protozoen von *E. Reichenow*. 115 S., 59 Abb. 1956 *(Bd. 444)*
Vergleichende Physiologie der Tiere von *K. Herter*. 2 Bde. 3. Aufl. der „Tierphysiologie".
I: Stoff- und Energiewechsel. 155 S., 64 Abb. 1950 *(Bd. 972)*
II: Bewegung und Reizerscheinungen. 148 S., 110 Abb. 1950 *(Bd. 973)*

Land- und Forstwirtschaft

Landwirtschaftliche Tierzucht. Die Züchtung und Haltung der landwirtschaftlichen Nutztiere von *H. Vogel*. 139 S., 11 Abb. 1952 *(Bd. 228)*
Kulturtechnische Bodenverbesserungen von *O. Fauser*. 2. Bde. 4., neubearb. Aufl.
I: Allgemeines, Entwässerung. 122 S., 47 Abb. 1947 *(Bd. 691)*
II: Bewässerung, Ödlandkultur, Umlegung. 150 S., 67 Abb. 1949 *(Bd. 962)*
Agrikulturchemie von *K. Scharrer*. 2 Bde.
I: Pflanzenernährung. 143 S. 1953 *(Bd. 329)*
II: Futtermittelkunde. 192 S. 1956. *(Bd. 330/330 a)*

Geologie, Mineralogie Kristallographie

Kristallographie von *W. Bruhns*† und *P. Ramdohr*. 4. Aufl. 106 S., 163 Abb. 1954 *(Bd. 210)*
Einführung in die Kristalloptik von *E. Buchwald*. 4., verb. Aufl. 138 S., 121 Fig. 1952 *(Bd. 691)*
Lötrohrprobierkunde. Mineraldiagnose mit Lötrohr- und Tüpfelreaktion. Von *M. Henglein*. 3., verb. Aufl. 91 S., 11 Fig. 1949 *(Bd. 483)*
Mineral- und Erzlagerstättenkunde von *H. Huttenlocher*†. 2 Bde.
I: 128 S., 34 Abb. 1954 *(Bd. 1014)*
II: 156 S., 48 Abb. 1954 *(Bd. 1015/1015 a)*
Allgemeine Mineralogie. 9., erw. Aufl. der „Mineralogie" von *R. Brauns*† und *K. F. Chudoba*. 104 S., 107 Fig., 1 Taf., 2 Tab. 1955 *(Bd. 29)*
Spezielle Mineralogie. 9., erw. Aufl. der „Mineralogie" von *R. Brauns*† und *K. F. Chudoba*. 133 S., 105 Fig. 1955 *(Bd. 31)*
Petrographie (Gesteinskunde) von *W. Bruhns*† und *P. Ramdohr*. 4., durchges. Aufl. 104 S., 10 Fig. 1955 *(Bd. 173)*
Geologie von *F. Lotze*. 176 S., 80 Abb. 1955 *(Bd. 13)*

Technik

Graphische Darstellung in Wissenschaft und Technik von *M. Pirani*. 3., verb. Aufl. bearb. von *J. Fischer*. 101 Abb. 1956. In Vorb. *(Bd. 728/728a)*

Elektrotechnik

Grundlagen der Elektrotechnik von *O. Mohr*. 3 Bde.
I: Die drei Feldformen. 96 S., 41 Abb., 6 Taf. 1956. *(Bd. 196)*
II: Die wichtigsten elektr. und phys. Grunderscheinungen. 95 S., 36 Abb., 7 Taf. 1956. *(Bd. 197)*
III: 91 S., 59 Abb. 1956. *(Bd. 198)*

Die Gleichstrommaschine von *K. Humburg*. 2 Bde. 2. Aufl. 1956.
I: 102 S., 59 Abb. 1956. *(Bd. 257)*
II: 98 S., 38 Abb. 1956. *(Bd. 881)*

Die synchrone Maschine von *K. Humburg*. Neudr. 109 S., 78 Abb. 1951 *(Bd. 1146)*

Induktionsmaschinen von *F. Unger*. 2., erw. Aufl. 142 S., 49 Abb. 1954 *(Bd. 1140)*

Die komplexe Berechnung von Wechselstromschaltungen von *H. H. Meinke*. 160 S., 114 Abb. 1949 *(Bd. 1156)*

Theoretische Grundlagen zur Berechnung der Schaltgeräte von *F. Kesselring*. 3. Aufl. 144 S., 92 Abb. 1950 *(Bd. 711)*

Einführung in die Technik selbsttätiger Regelungen von *W. zur Megede*. 1956. In Vorb. *(Bd. 714/714a)*

Elektromotorische Antriebe (Grundlagen für die Berechnung) von *A. Schwaiger*. 3., neubearb. Aufl. 96 S., 34 Abb. 1952 *(Bd. 827)*

Technische Tabellen und Formeln von *W. Müller*. 4., verb und erw. Aufl. von *E. Schulze*. 152 S., 105 Fig. 1951 *(Bd. 579)*

Überspannungen und Überspannungsschutz von *G. Frühauf*. Durchges. Neudr. 122 S., 98 Abb. 1950 *(Bd. 1132)*

Maschinenbau

Metallkunde. Einführendes über Aufbau, Eigenschaften und Untersuchung von Metallen und Legierungen sowie über Grundlagen des Schmelzens, des Gießens, des Verformens, der Wärmebehandlung, der Oberflächenbehandlung, der Verbinde- und Trennarbeiten von *H. Borchers*. 2 Bde.
I: Aufbau der Metalle und Legierungen. 3. Aufl. 120 S., 90 Abb., 2 Tab. 1956. *(Bd. 432)*

Die Werkstoffe des Maschinenbaues von *H. Thum* und *C. M. von Meysenbug*. 2 Bde.
I: Einführung in die Werkstoffprüfung. 2., neubearb. Aufl. 100 S., 7 Tab., 56 Abb. 1956. *(Bd. 476)*

Dynamik von *W. Müller*. 2 Bde. 2., verb. Aufl.
I: Dynamik des Einzelkörpers. 128 S., 48 Fig. 1952 *(Bd. 902)*
II: Systeme von starren Körpern. 102 S., 41 Fig. 1952 *(Bd. 903)*

Technische Schwingungslehre von *L. Zipperer*. 2 Bde. 2., neubearb. Aufl.
I: Allgemeine Schwingungsgleichungen, einfache Schwinger. 120 S., 101 Abb. 1953 *(Bd. 953)*
II: Torsionsschwingungen in Maschinenanlagen. 102 S., 59 Abb. 1955 *(Bd. 961/961 a)*

Werkzeugmaschinen für Metallbearbeitung von *K. P. Matthes*. 4 Bde.
I: 100 S., 27 Abb., 11 Zahlentaf., 1 Tafelanh. 1954 *(Bd. 561)*
II: Fertigungstechnische Grundlagen der neuzeitlichen Metallbearbeitung. 101 S., 30 Abb., 5 Taf. 1955 *(Bd. 562)*

Das Maschinenzeichnen mit Einführung in das Konstruieren von *W. Tochtermann*. 2 Bde. 4. Aufl.
I: Das Maschinenzeichnen. 156 S., 77 Taf. 1950 *(Bd. 589)*
II: Ausgeführte Konstruktionsbeispiele. 130 S., 58 Taf. 1950 *(Bd. 590)*

Die Maschinenelemente von *E. A. vom Ende*. 3., verb. Aufl., 166 S., 175 Fig., 9 Taf. 1956. *(Bd. 3/3a)*

Maschinen der Walz- und Hüttenwerke von *L. Engel*. 1956. In Vorb. *(Bd. 581)*

Walzwerke von *H. Sedlaczek*. 2 Bde. In Vorb. *(Bd. 580 583)*

Getriebelehre von *P. Grodzinski*. 2 Bde. 2., neubearb. Aufl.

I: Geometrische Grundlagen. 159 S., 142 Fig. 1953 *(Bd. 1061)*

Gießereitechnik von *H. Jungbluth.* 2 Bde.

I: Eisengießerei. 126 S., 44 Abb. 1951 *(Bd. 1159)*

Die Dampfkessel und Feuerungen einschließlich Hilfseinrichtungen in Theorie, Konstruktion und Berechnung von *W. Marcard*†. 2 Bde. 2. Aufl. Neubearb. von *K. Beck.*

I: Die theoretischen Grundlagen, Wärme, Verbrennung, Wärmeübertragung. 150 S., 42 Abb., 16 Tab. 1951 *(Bd. 9)*

II: Dampfkessel. 147 S., 43 Abb. 1952 *(Bd. 521)*

Dampfturbinen, ihre Wirkungsweise, Berechnung und Konstruktion von *C. Zietemann.* 3 Bde. 3., verb. Aufl.

I: Theorie der Dampfturbinen. 139 S., 48 Abb. 1955 *(Bd. 274)*

II: Die Berechnung der Dampfturbinen und die Konstruktion der Einzelteile. 132 S., 111 Abb. 1956 *(Bd. 715)*

III: Die Regelung der Dampfturbinen, die Bauarten, Turbinen für Sonderzwecke, Kondensationsanlagen. 126 S., 90 Abb. 1956 *(Bd. 716)*

Transformatoren von *W. Schäfer.* 2. Aufl., 74 Abb. 1956 In Vorb. *(Bd. 952)*

Technische Thermodynamik von *W. Nußelt.* 3 Bde.

I: Grundlagen. 4., verb. Aufl. 144 S., 71 Abb. 1956. *(Bd. 1084)*

II: Theorie der Wärmekraftmaschinen. Neudr. 144 S., 87 Abb., 32 Zahlentaf. 1951 *(Bd. 1151)*

Autogenes Schweißen und Schneiden von *H. Niese.* 5. Aufl. Neubearb. von *A. Küchler.* 136 S., 71 Fig. 1954 *(Bd. 499)*

Die elektrischen Schweißverfahren von *H. Niese.* 2. Aufl. Neubearb. von *H. Dienst.* 136 S., 58 Abb. 1955 *(Bd. 1020)*

Hebezeuge. Entwurf von Winden und Kranen von *G. Tafel.* 2., verb. Aufl. 176 S., 230 Fig. 1954 *(Bd. 414/414a)*

Wasserbau

Wasserkraftanlagen von *A. Ludin* u. Mitarb. v. *W. Borkenstein.* 2 Bde.

I: Planung, Grundlagen und Grundzüge. 124 S., 60 Abb. 1955 *(Bd. 665)*

Verkehrswasserbau von *H. Dehnert.* 3 Bde.

I: Entwurfsgrundlagen, Flußregelungen. 103 S., 52 Abb. 1950 *(Bd. 585)*

II: Flußkanalisierung und Schiffahrtskanäle. 94 S., 60 Abb. 1950 *(Bd. 597)*

III: Schleusen und Hebewerke. 98 S., 70 Abb. 1950 *(Bd. 1152)*

Wehr- und Stauanlagen von *H. Dehnert.* 134 S., 90 Abb. 1952 *(Bd. 965)*

Talsperren von *F. Tölke.* 122 S., 70 Abb. 1953 *(Bd. 1044)*

Hoch- und Tiefbau

Die wichtigsten Baustoffe des Hoch- und Tiefbaus von *O. Graf.* 4., verb. Aufl. 131 S., 63 Abb. 1953 *(Bd. 984)*

Baustoffverarbeitung und Baustellenprüfung des Betons von *A. Kleinlogel.* 2., neubearb. und erw. Aufl. 126 S., 35 Abb. 1951 *(Bd. 978)*

Festigkeitslehre. 2 Bde.

I: Elastizität, Plastizität und Festigkeit der Baustoffe und Bauteile von *W. Gehler*† und *W. Herberg.* Durchges. und erw. Neudr. 159 S., 118 Abb. 1952 *(Bd. 1144)*

II: Formänderung, Platten, Stabilität und Bruchhypothesen von *W. Herberg* und *N. Dimitrov.* 187 S., 94 Abb. 1955 *(Bd. 1145/1145a)*

Grundlagen des Stahlbetonbaus von *A. Troche.* 2., neubearb. und erw. Aufl. 208 S., 75 Abb., 17 Bemessungstaf., 20 Rechenbeisp. 1953 *(Bd. 1078)*

Statik der Baukonstruktionen von *A. Teichmann.* 3 Bde.

I: Grundlagen. 100 S., 51 Abb., 8 Formeltaf. 1956 *(Bd. 119)*

II: Statik bestimmter Stabwerke. 57 Abb., 9 Taf. 1956. In Vorb. *(Bd. 120)*

Fenster, Türen, Tore aus Holz und Metall. Eine Anleitung zu ihrer guten Gestaltung, wirtschaftlichen Bemessung und handwerksgerechten Konstruktion von *W. Wickop.* 4., überarb. und erg. Aufl. 155 S., 95 Abb. 1955 *(Bd. 1092)*

Heizung und Lüftung von *J. Kör-*

ting† und *W. Körting*. 2 Bde. 8., neubearb. Aufl.
I: Das Wesen und die Berechnung der Heizungs- und Lüftungsanlagen. 140 S., 29 Abb., 18 Zahlentaf. 1951 *(Bd. 342)*

II: Die Ausführung der Heizungs- und Lüftunganlagen. 152 S., 165 Abb., 7 Zahlentaf. 1954 *(Bd. 343)*

Industrielle Kraft- und Wärmewirtschaft von *F. A. F. Schmidt*. 1956 In Vorb. *(Bd. 318/318a)*

SAMMLUNG GÖSCHEN / BANDNUMMERNFOLGE

221/221a Jander-Jahr, Maßanalyse
222 Hassak-Beutel, Warenkunde I
223 Hassak-Beutel, — II
226 Hofmann, Geschichte der Mathematik I
228 Vogel, Landw. Tierzucht
238 Krahe, German. Sprachwiss. I
243 Mahler, Physikal. Aufgabensammlung
247 Hoppe, Analytische Chemie I
248 Hoppe, — II
250 Lausberg, Roman. Sprachwissenschaft II
252 Dassler, Elektrochemie I
253 Dassler, — II
256 Haussner, Aufgabensamml. zur analyt. Geometrie der Ebene
257 Humburg, Die Gleichstrommaschine I
264 Lockemann, Geschichte der Chemie I
265/265a Lockemann, — II
270 Kirn, Einführung in die Geschichtswissenschaft
274 Zietemann, Dampfturbinen I
279 Jacob, Quellenkunde der deutschen Geschichte I
280 Jacob, — II
281 Leisegang, Einführung in die Philosophie
284 Jacob-Weden, Quellenkunde der deutschen Geschichte III
318/318a Schmidt, Industrielle Kraft- und Wärmewirtschaft
319 Krug, Australien und Ozeanien
329 Scharrer, Agrikulturchemie I
330/330a Scharrer, — II
335 Braun-Klug, Fette und Öle
336 Braun-Klug, Seifenfabrikation
342 Körting, Heizung und Lüftung I
343 Körting, — II
344 Moser, Musikästhetik
354 Valentiner, Vektoranalysis
355 Neger-Münch, Nadelhölzer
356 Lüdemann, Fische
374 Döring, Einf. in die theoret. Physik IV
375 Preller, Geschichte Englands I
394/394a Schilling, Von der Renaissance bis Kant
414/414a Tafel, Hebezeuge I
422 Gottschald, Dt Personennamen
423 Adler, Fünfstell. Logarithmen
432 Borchers, Metallkunde I
439 Jaeckel, Würmer
440 Jaeckel, Weichtiere
441 Jaeckel, Stachelhäuter
442 Hannemann, Schwämme und Hohltiere
443 Gruner-Deckert, Krebse
444 Reichenow, Protozoen
445 Asmus, Physikal.-chemische Rechenaufgaben
452 Bahrdt-Scheer, Stöchiometrische Aufgabensammlung
469 Werkmeister, Vermessungskunde II
476 Thum-Meysenbug, Die Werkstoffe des Maschinenbaus I
483 Henglein, Lötrohrprobierkunde
492 Stolz-Debrunner, Geschichte der lateinischen Sprache
499 Niese, Autogen. Schweißen
500 Simmel, Hauptprobleme der Philosophie
521 Marcard-Beck, Dampfkessel II
536 Lehmann, Kant
538 Rumpf, Archäologie I
539 Rumpf, — II
557 Nestle, Griechische Literaturgeschichte II
561 Matthes, Werkzeugmaschinen I
562 Matthes, — II
564 Behn, Kultur der Urzeit I
565 Behn, — II
566 Behn, — III
571 Lehmann, Philosophie des 19. Jahrhunderts I
576/576a Moser, Gesangskunst
579 Müller-Schulze, Techn. Tabellen
580 Sedlaczek, Walzwerke I
581 Engel, Maschinen der Walz- und Hüttenwerke
583 Sedlaczek, Walzwerke II
585 Dehnert, Verkehrswasserbau I
589 Tochtermann, Maschinenzeichnen I
590 Tochtermann, — II
594 Lengerken, Insekten
597 Dehnert, Verkehrswasserbau II
601 Mutschmann, Engl. Phonetik
619 Buchwald, Kristalloptik
665 Ludin, Wasserkraftanlagen I
668 Knopp, Funktionentheorie I
677 Altheim, Röm. Geschichte II
691 Fauser, Kulturtechn. Bodenverbesserungen I
692 Fauser, — II
698/698a Schulze, Allgemeine und physikalische Chemie II
703 Knopp, Funktionentheorie II
709 Lehmann, Philosophie des 19. Jahrhunderts II

711 Kesselring, Berechnung der Schaltgeräte
714/714a zur Megede, Einf. in die Technik selbstät. Regelungen
715 Zietemann, Dampfturbinen II
716 Zietemann, — III
718 Neger-Münch, Laubhölzer
728 Pirani, Graph. Darstellung
735 Ekwall, Historische neuengl. Laut und Formenlehre
763/763a Beer-Meyer, Hebräische Grammatik I
764/764a Beer-Meyer, — II
768/768a Bieberbach, Einführung in die konforme Abbildung
781 Weigert, Stilkunde II
786 Schulze, Allgem. und physikalische Chemie III
807 Kropp, Erkenntnistheorie I
809 Moser, Harmonielehre I
826 Koch, Philosophie des Mittelalters
827 Schwaiger, Elektromotorische Antriebe
845 Lehmann, Philosophie im ersten Drittel des 20. Jahrhunderts
847 Herter, Lurche
851 Moede, Psychologie des Berufs- und Wirtschaftslebens
852 Erismann, Allg. Psychologie
856 Quelle, Iberoamerika
857 Capelle, Griech. Philosophie I
858 Capelle, — II
859 Capelle, — III
862 Werkmeister, Vermessungskunde III
863 Capelle, Griech. Philosophie IV
875 Hofmann, Gesch. d. Math. II
877 Knopp, Aufgabensammlung zur Funktionstheorie I
878 Knopp, Gesch. d. Math. II
881 Humburg, Gleichstrommaschine II
882 Hofmann, — III
902 Müller, Dynamik I
903 Müller, — II
910 Jaeger, Afrika I
911 Jaeger, — II
917/917a Böhm, Versicherungsmathematik II
920 Hoheisel, Gewöhnliche Differentialgleichungen
921 Jantzen-Kolb, W. v. Eschenbach
929 Schirmer, Dt. Wortkunde
930 Krull, Elementare und klassische Algebra I
931 Hasse, Höhere Algebra I
932 Hasse, — II
952 Schäfer, Transformatoren
953 Zipperer, Techn. Schwingungslehre I
961/961a Zipperer, Techn. Schwingungslehre II
965 Dehnert, Wehr- und Stauanlagen
970 Baldus-Löbell, Nichteuklid. Geometrie
972 Herter, Tierphysiologie I
973 Herter, — II
978 Kleinlogel, Baustoffverarb. u. Baustellenprüf. des Betons
984 Graf, Die wichtigsten Baustoffe des Hoch- u. Tiefbaus
999/999a Kamke, Mengenlehre
1000 Jaspers, Geistige Situation
1003 Hoheisel, Partielle Differentialgleichungen
1008 Mellerowicz, Allgemeine Betriebswirtschaftslehre I
1009 Bechert-Gerthsen, Atomphysik I
1014 Huttenlocher, Mineral- und Erzlagerstättenkunde I
1015/1015a Huttenlocher, — II
1020 Niese-Dienst, Elektr. Schweißverfahren
1031 Apel, Philosophisches Wörterbuch
1033 Bechert-Gerthsen, Atomphysik II
1034 Kranefeldt, Therapeutische Psychologie
1035 Altheim, Röm. Religionsgeschichte I
1039 Dovifat, Zeitungslehre I
1040 Dovifat, — II
1044 Tölke, Talsperren
1045 Schubert, Technik des Klavierspiels
1051/1051a zu Stolberg-Wernigerode, Gesch. der Verein. Staaten von Amerika
1052 Altheim, Röm. Religionsgeschichte II
1057 Roth, Thermochemie
1059 Hoheisel, Aufgabensammlung zu den gewöhnl. und partiellen Differentialgleichungen
1061 Grodzinski, Getriebelehre I

1065 Haller, Von den Karolingern zu den Staufern
1070 Sauter, Differentialgleichungen der Physik
1078 Troche, Stahlbetonbau
1082 Hasse-Klobe, Aufgabensamml. zur Höheren Algebra
1084 Nußelt, Technische Thermodynamik I
1085 Lietzmann, Zeitrechnung
1086 Müller, Dt. Dichten u. Denken
1088 Preller, Geschichte Englands II
1092 Wickop, Fenster, Türen, Tore
1094 Hernried, System. Modulation
1105 Hartung, Dt. Geschichte im Zeitalter der Reformation
1108 de Boor-Wisniewski, Mittelhochdeutsche Grammatik
1109 Knopp, Elemente der Funktionentheorie
1111 Naumann-Betz, Althochdeutsches Elementarbuch
1113/1113a Strubecker, Differentialgeometrie I
1114 Schubel, Englische Literaturgeschichte I
1115 Ranke, Altnord. Elementarbuch
1116 Schubel, Englische Literaturgeschichte II
1121 Naumann, Dt. Dichten und Denken
1122 Feist, Sprechen u. Sprachpflege
1123/1123a Bechert-Gerthsen, Atomphysik III
1124 Meissner, Englische Literaturgeschichte III
1125 Lehnert, Altengl. Elementarbuch
1127 Hartmann, Geschlecht und Geschlechtsbestimmung im Tier- und Pflanzenreich
1128 Buchner, Symbiose der Tiere mit pflanzl. Mikroorganismen
1130 Dibelius, Jesus
1131 Scholz-Schoeneberg, Einführung in die Zahlentheorie
1132 Frühauf, Überspannungen und Überspannungsschutz
1134 Kuckuck, Pflanzenzüchtung I
1135 Lehnert, Beowulf
1136 Meissner, Englische Literaturgeschichte IV
1137 Heil, Entwicklungsgeschichte des Tier- und Pflanzenreichs
1138 Hämmerling, Fortpflanzung im Tier- und Pflanzenreich
1140 Unger, Induktionsmaschinen
1141 Koller, Hormone
1142 Meissner-Lehnert, Shakespeare
1144 Gehler-Herberg, Festigkeitslehre I
1145/1145a Herberg-Dimitrov, - II
1146 Humburg, Synchrone Maschine
1147 v. Waltershausen, Kunst des Dirigierens
1148 Pepping, Der polyphone Satz I
1151 Nußelt, Technische Thermodynamik II
1152 Dehnert, Verkehrswasserbau III
1153 Mellerowicz, Allgem. Betriebswirtschaftslehre II
1154 Mellerowicz, — III
1155 Schwartz, Mikrobiologie I
1156 Meinke, Kompl. Berechnung der Wechselstromschaltung
1157 Schwartz, Mikrobiologie II
1158 Mayrhofer, Sanskrit-Grammatik
1159 Jungbluth, Gießereitechnik I
1160 Dibelius-Kümmel, Paulus
1161 Kaestner, Spinnentiere
1162 Seidel, Entwicklungsphysiolog. der Tiere I
1163 Seidel, — II
1165/1165a Bechert-Gerthsen, Atomphysik IV
1169 Paulsen, Allgemeine Volkswirtschaftslehre I
1170 Paulsen, — II
1171 Paulsen, — III
1172 Paulsen, — IV

AUTORENREGISTER